Shahide Dehghan
Hoosein Norouzi
Hossein Gholami

Métodos de Inteligência Artificial para a Construção de Edifícios

Shahide Dehghan
Hoosein Norouzi
Hossein Gholami

Métodos de Inteligência Artificial para a Construção de Edifícios

ScienciaScripts

Métodos de Inteligência Artificial para a Construção de Edifícios

Shahide Dehghan[1] , Hoosein Norouzi[2] , Hossein Gholami[3]

[1]Departamento de Geografia, Secção de Najafabad, Universidade Islâmica Azad, Najafabad, Irão

[2] Departamento de Engenharia Civil, Isfaha n (Khorasgan) Branch, Islamic Azad University, Isfahan, Irão

[3]Departamento de Engenharia Civil, Isfahan (Khorasgan) Branch, Islamic Azad University, Isfahan, Irão

2024

Índice

Prefácio

A inteligência artificial (IA) está a tornar-se rapidamente uma força motriz no sector da construção. Esta nova tecnologia, ao proporcionar formas criativas e eficientes, tem o potencial de criar transformações em todas as fases da construção, desde a conceção e planeamento até à execução e manutenção. Por conseguinte, a aplicação da inteligência artificial na indústria da construção divide-se em três categorias: conceção e planeamento, implementação e construção, manutenção e operação estão relacionadas. Em cada categoria, tem muitas aplicações diferentes; antes de discutirmos as aplicações da inteligência artificial na engenharia civil, é melhor examinar o que é e como funciona. A inteligência artificial deriva do termo inglês Artificial Intelligence e é um conjunto de ciências informáticas e de tecnologias avançadas. Esta tecnologia permite que máquinas e sistemas executem tarefas e funções que, no passado, estavam reservadas aos seres humanos. Estas tarefas incluem a aprendizagem, a resolução de problemas e o raciocínio, a tomada de decisões e a compreensão da linguagem natural. A inteligência artificial funciona através de algoritmos complexos e modelos estatísticos que são treinados em grandes quantidades de dados. Estes dados podem incluir imagens, texto, som e outras informações. Ao analisar estes dados, a inteligência artificial aprende padrões e regras e utiliza-os para realizar várias tarefas. Com os avanços registados na informática e nas tecnologias da informação, a inteligência artificial desenvolveu-se rapidamente nos últimos anos e tornou-se uma das tecnologias mais importantes do mundo em vários domínios, especialmente na construção. Constitui uma parte importante da economia de cada país. Por esta razão, o seu crescimento e desenvolvimento em todas as fases é muito importante e provoca o crescimento da economia. Uma das formas de fazer crescer este sector é a utilização da inteligência artificial em vários aspectos da construção. Esta tecnologia cria muitas mudanças em qualquer domínio em que entra e acelera-o.

Introdução

Após décadas de evolução e progresso, a inteligência artificial (IA) enraizou-se hoje na nossa vida quotidiana e está a influenciar significativamente os domínios da arquitetura e da fiabilidade. As aplicações da inteligência artificial na arquitetura sustentável incluem a conceção de edifícios que utilizam energia eficiente, a previsão e minimização do consumo de energia, o planeamento para reduzir os seus efeitos no ambiente e no clima e também a melhoria da segurança e do conforto do ambiente de vida. Devido ao aumento significativo da velocidade e da acessibilidade da Internet e à diminuição do preço dos computadores e dos dispositivos de armazenamento de dados nos últimos anos, os grandes volumes de dados (BD) têm atualmente um grande papel complementar na inteligência artificial. Foram desenvolvidos algoritmos e códigos informáticos para extrair e analisar dados. Os grandes volumes de dados permitiram o desenvolvimento de métodos e funções de inteligência artificial em vários domínios, incluindo a arquitetura sustentável. Este artigo começa com uma introdução às técnicas de inteligência artificial. Em seguida, discute-se a forma como a inteligência artificial e os grandes volumes de dados podem ser utilizados na conceção e construção de edifícios comerciais e residenciais que utilizam energia eficiente. Segue-se uma análise da aplicação da inteligência artificial e dos grandes volumes de dados em edifícios energeticamente eficientes, com destaque para a utilização da aprendizagem automática (MI) e das grandes bases de dados. A elevada percentagem de consumo de energia nos edifícios e o subsequente aumento das emissões de gases com efeito de estufa, juntamente com leis mais rigorosas, levaram os investigadores a procurar soluções sustentáveis para reduzir o consumo de energia através da utilização de fontes alternativas de energia renovável e da melhoria da eficiência energética O consumo de energia no sector da construção, especialmente em edifícios residenciais, tem a maior quota entre todos os sectores de consumo devido ao desenvolvimento social e à urbanização. Os sistemas de automação e controlo de edifícios podem ser classificados em estratégias de controlo tradicionais e avançadas. As estratégias tradicionais não são a escolha certa para as características mais complexas exigidas nos edifícios inteligentes. Os factores que determinam a quantidade de consumo de energia no edifício incluem as condições meteorológicas e climáticas do local de construção, os materiais e os materiais utilizados no revestimento e nas paredes. O exterior do edifício é o tipo de arquitetura e estrutura do edifício, as instalações centrais do edifício (aquecimento, refrigeração, ar condicionado e iluminação) e os aparelhos e equipamentos de consumo (aparelhos eléctricos e equipamento de escritório).

Corpo do texto

A utilização óptima e a prevenção do desperdício de instalações e medidas para poupar e aumentar a eficiência do edifício são muito importantes. Nas últimas décadas, a investigação no domínio dos edifícios tem sido efectuada através de grandes volumes de dados, recursos informáticos potentes e algoritmos avançados de aprendizagem automática, tendo demonstrado o seu poder para aumentar a eficiência dos edifícios. Recentemente, a inteligência artificial e as técnicas de aprendizagem automática em geral têm desempenhado um papel eficaz na previsão e no desempenho energético dos edifícios em particular, e podem desempenhar um papel na otimização do consumo de energia, na gestão e poupança do consumo e, em última análise, na criação de conforto e conveniência. Desempenhar um papel importante Além disso, a rápida evolução da inteligência artificial e da aprendizagem automática melhorou a capacidade de aprender e otimizar os edifícios. Muita investigação tem sido dedicada a aplicações específicas da inteligência artificial e da aprendizagem automática em diferentes fases do ciclo de vida dos edifícios. No entanto, as análises fornecem geralmente uma perspetiva específica e tecnológica e não consideram a integração de tecnologias inteligentes ao nível de todo o sistema. Em particular, não foi discutido o papel dos agentes autónomos de inteligência artificial e dos ambientes de aprendizagem para melhorar o processo de aprendizagem em ambientes complexos. O estudo examina a aprendizagem automática que toma decisões autónomas na gestão energética dos edifícios. Pode concluir-se que, utilizando processos de aprendizagem iniciados pela inteligência artificial e utilizando ambientes educativos digitais como base para a aprendizagem, a adaptabilidade dos edifícios a alterações imprevistas a nível do sistema deve ser melhorada. A este respeito, a integração de soluções de adaptação nos prazos de controlo dos sistemas de aquecimento, ventilação e ar condicionado, bem como a participação no mercado da eletricidade, cria o maior potencial para melhorar a eficiência energética dos edifícios. No dicionário, tecnologia é uma ferramenta técnica para atingir objectivos práticos.

No mundo de hoje, os seres humanos atingem muitos objectivos utilizando esta tecnologia, sendo o mais importante a redução do consumo de energia. No mundo avançado de hoje, a indústria da construção é um investimento grande e a longo prazo, e esta indústria deve ser protegida da obsolescência com a ajuda da tecnologia moderna. O custo de um edifício não é apenas o custo do projeto e da construção, mas inclui também o custo da sua manutenção e utilização. A maioria dos edifícios não dispõe dos meios necessários para a gestão da energia e não consegue responder às alterações ambientais e às novas necessidades. Atualmente, são utilizadas novas tecnologias na construção de casas inteligentes, a fim de criar mais conforto e segurança, poupar custos e reduzir o consumo de recursos energéticos. O consumo de energia nos edifícios, especialmente nos edifícios residenciais, devido ao desenvolvimento social e à urbanização, é o mais elevado. A sua quota-parte foi atribuída a todos os sectores de consumo. Entre os factores que determinam a quantidade de consumo de energia no edifício contam-se as condições meteorológicas e climáticas do local onde o edifício é construído, os materiais e materiais utilizados no revestimento exterior e nas paredes do edifício, o tipo de arquitetura e estrutura do edifício, as instalações centrais do edifício (aquecimento, arrefecimento, ar condicionado e iluminação), os aparelhos e equipamentos de consumo (electrodomésticos e equipamento de escritório). Recentemente, a inteligência artificial e as técnicas de aprendizagem automática em geral têm desempenhado um papel eficaz na previsão e no desempenho da energia dos edifícios e, da mesma forma, podem desempenhar um papel significativo na discussão do consumo de energia, na gestão, no consumo mais económico e, finalmente, na criação de conforto e conveniência. A indústria da construção está em constante mudança e evolução porque tem de se adaptar de acordo com a criação de novos exemplos de estilo de arquitetura de edifícios e de novos materiais e normas que são actualizados para regiões e climas específicos. Para este efeito, foram criadas novas tecnologias de construção, que não são poucas e aumentam todos os anos, para ajudar neste caso. O objetivo da criação deste tipo de tecnologias é aumentar a velocidade de construção de acordo com o aumento da procura e ter mais qualidade e diversidade de edifícios. De seguida, apresentamos as novas tecnologias e a utilização da inteligência artificial na construção. Com o crescente progresso da tecnologia e a luta pela qualidade e melhoria da vida humana, estamos perante novas inovações no domínio da tecnologia. As aplicações já estão a começar a mudar a forma como os negócios são feitos em vários domínios. Após décadas de desenvolvimento e progresso, hoje em dia o processo de utilização e desenvolvimento da inteligência artificial (IA) está a aumentar na era da tecnologia, generalizando-se a todos os campos e sendo um fenómeno que afecta atualmente todos os aspectos da vida. A arquitetura é um dos domínios que é fortemente influenciado pela evolução das tecnologias de IA. Ao utilizar esta tecnologia na arquitetura, o processo de conceção arquitetónica, bem como a reparação e manutenção do edifício e a redução de custos têm um efeito sobre o projeto a longo prazo, e também ajuda a velocidade do projeto porque todos os dados de entrada são analisados num curto espaço de tempo e, em seguida, diferentes formas de conceção e gestão do projeto são acessíveis ao arquiteto. Todas estas vantagens podem até poupar o consumo de energia no edifício e, em última análise, levar à proteção do ambiente. Neste artigo, em primeiro lugar, será discutido o conceito de inteligência e as aplicações da inteligência artificial na arquitetura e, em seguida, serão analisados os métodos de utilização da mesma na construção de edifícios inteligentes, o que, de acordo com a gestão tecnológica, conduzirá à poupança de energia, à segurança e ao bem-estar social dos residentes. A importância da gestão de contratos na desafiante indústria da construção não é escondida de ninguém, e esta questão é considerada importante e pode levar ao sucesso de um projeto. No sucesso de um projeto, não só factores como a escolha adequada do método de execução do projeto afectam o sucesso, mas as condições contratuais também são factores influentes. Por outro lado, se analisarmos a gestão de contratos e a gestão de contratos, a questão das reivindicações é uma das questões frequentemente levantadas. O que é de notar é que o aumento das reclamações está relacionado com os principais objectivos da gestão de projectos, que estão relacionados com o tempo, o custo e a qualidade. Esta questão revela a importância dos contratos na indústria da construção e da gestão de projectos e mostra a necessidade de investigar as reclamações e as questões contratuais. Por outro lado, o mundo está a avançar para o futuro digital e para a utilização de novas tecnologias, como a inteligência artificial. Por exemplo, considerando o surgimento e a aplicação de tecnologias como a cadeia de blocos, a discussão sobre a utilização de contratos inteligentes em relação ao desenvolvimento sustentável e ao ambiente é levantada, e o impacto que a indústria da construção tem no ambiente natural e na qualidade de vida é discutido na discussão sobre o desenvolvimento sustentável e o ambiente. A vida é importante. Atualmente, a inteligência artificial é utilizada como uma ferramenta poderosa para lidar com desafios complexos na arquitetura e na indústria da construção. Se a inteligência artificial for avançada e desenvolvida com os métodos actuais, as máquinas planearão, gerirão, controlarão e optimizarão o trabalho, independentemente dos contributos e das prioridades dos seres humanos. Com base na conceção centrada no ser humano, os projectistas e os decisores devem poder fornecer à máquina as ideias que desejam e controlar as funções para alcançar o resultado pretendido. A inteligência artificial centrada no ser humano (HCD) dá ênfase à conceção de espaços tendo em mente os utilizadores finais, garantindo não só o cumprimento dos objectivos funcionais, mas também a melhoria da qualidade de vida das pessoas que interagem com esses espaços. Além disso, as decisões importantes no sector da construção dependem geralmente de processos heurísticos em que os pressupostos são retirados de experiências passadas. Embora o nível atual de inteligência artificial não seja capaz de lidar adequadamente com essas informações e experiências humanas. Este facto, em projectos grandes ou sensíveis, pode levar a uma utilização inadequada da inteligência artificial e a riscos. A inteligência artificial centrada no ser humano no sector da construção ainda não foi bem considerada. A categoria da energia e a redução do consumo de energia estão intimamente ligadas ao aumento dos poluentes atmosféricos e ao aquecimento global. De várias convenções internacionais a várias conferências nacionais e internacionais, a questão da energia e da redução dos poluentes atmosféricos tornou-se um tema da atualidade e passou a estar no centro de vários círculos políticos, económicos, sociais e científicos. O desenvolvimento do design arquitetónico está intimamente relacionado com a tecnologia informática. Com o crescimento da economia do meu país e o rápido desenvolvimento da tecnologia informática na urbanização, a tecnologia da inteligência artificial proporcionou novos métodos de investigação para a indústria da construção. Atualmente, a indústria da construção do meu país está em expansão e o consumo de energia dos edifícios também está a aumentar rapidamente. Para conduzir a indústria da construção para o desenvolvimento da eficiência energética e da ecologia, várias empresas de construção estão a desenvolver ativamente tecnologias de eficiência energética dos edifícios. Enquanto tecnologia emergente na indústria da construção, a tecnologia BIM tem tido um impacto importante na definição de parâmetros, no controlo de custos, na colaboração profissional e na gestão da informação na engenharia da construção. A tecnologia pode ser definida como todos os conhecimentos, produtos, processos, ferramentas, métodos e dispositivos que são utilizados para criar e fabricar bens e prestar serviços. Hoje em dia, o progresso da ciência e da tecnologia está a conhecer um percurso acelerado. Desta forma, o desenvolvimento da tecnologia de inteligência artificial tornou-se parte da vida quotidiana das pessoas e é utilizado em diferentes domínios. O crescimento do sector da construção é severamente limitado pela miríade de desafios complexos que enfrenta, como os custos e o tempo, a saúde e a segurança, a produtividade e a escassez de mão de obra. Além disso, a indústria da construção é uma das menos digitalizadas do mundo, o que lhe dificultou a resolução dos problemas actuais. Uma tecnologia digital avançada, a inteligência artificial (IA), já está a revolucionar indústrias como a indústria transformadora, o retalho e as telecomunicações. Os subcampos da inteligência artificial, como a aprendizagem automática, os sistemas baseados no conhecimento, a visão por computador, a robótica e a otimização, têm sido aplicados com êxito noutras indústrias para aumentar a rentabilidade, a eficiência, a segurança e a proteção. Apesar do reconhecimento dos benefícios das aplicações de IA, ainda existem muitos desafios relacionados com a IA no sector da construção. O objetivo deste estudo é descobrir as aplicações da inteligência artificial, examinar as técnicas de inteligência artificial em uso e identificar as oportunidades e os desafios das aplicações da inteligência artificial na indústria da construção. Foi realizada uma análise crítica da literatura existente sobre as aplicações da inteligência artificial na indústria da construção, tais como a monitorização de actividades, a gestão de riscos, a otimização de recursos e de resíduos. A utilização de novas tecnologias é considerada como um passo vital para alcançar a gestão da energia no edifício. A este respeito, a utilização de ferramentas de otimização para melhorar o consumo de energia dos edifícios, especialmente nas fases iniciais de conceção, quando os planos de conceção ainda não estão disponíveis em pormenor, será muito eficiente. Também o tipo de material e elementos utilizados, como janelas, paredes, tipo de estrutura ou tipo de cobertura de isolamento e exemplos deste tipo, como grande parte da energia que consome, são factores importantes na poupança de energia dos edifícios. Considerando que será muito difícil fazer alterações futuras neste domínio. Embora o custo inicial de edifícios com características óptimas possa ser dispendioso para os construtores, mas durante a vida da estrutura com baixo consumo de energia e gastando menos dinheiro ao longo do tempo, pode ser importante, especialmente para escolas remotas cujo acesso a recursos energéticos é limitado. A energia é uma necessidade básica nos edifícios. Os locais de consumo nos edifícios são o aquecimento e a refrigeração, a iluminação, o abastecimento de água quente, a cozinha e, em alguns casos, os pavilhões desportivos. O conhecimento é o meio mais evidente da dignidade e do poder de um país. É muito importante utilizar os novos conhecimentos e tecnologias emergentes no sector da construção, que sempre foram utilizados pelos países avançados e que obtiveram muitos êxitos devido a isso. Uma dessas tecnologias emergentes é a tecnologia de inteligência artificial, que poupa sempre tempo e dinheiro nos projectos de construção devido à rapidez dos cálculos e a uma maior precisão. É claro que se deve ter em mente que esta alta velocidade, com informações e dados incorrectos, pode ser desastrosa e levar à perda de recursos, tempo e custos e, por vezes, até ao fracasso dos projectos de construção. Nos últimos anos, a engenharia e as novas tecnologias na indústria da construção do Irão, especialmente no sector da habitação, fizeram grandes progressos e estão numa posição muito boa, existindo especialistas muito eficientes neste domínio. Desta forma, não há falta de especialistas na indústria da construção no país e, com a utilização da tecnologia da inteligência artificial, assistiremos a uma maior prosperidade e progresso nos domínios relacionados com a indústria da construção. Desde o início dos tempos, o homem tem procurado adquirir conhecimentos. Hoje em dia, o fenómeno da informação, da sua recolha e análise tornou-se uma das características mais importantes do desenvolvimento da ciência e da comunicação. Uma das preocupações mais importantes das cidades iranianas é a educação no domínio da ciência e do conhecimento, com base na descoberta dos talentos dos jovens e dos jovens são colocados num grupo que provoca o crescimento e a glória de si próprios e do país. No processo de crescimento e desenvolvimento económico, social e cultural das sociedades actuais está a ciência e a tecnologia. O ambiente competitivo de hoje, porque está a mudar drasticamente e o tipo de mudanças tornou-se muito diversificado, necessita de capacidades que possam criar uma vantagem competitiva para as empresas, por outro lado, o crescimento da indústria da construção devido aos inúmeros desafios complexos que enfrenta. Por outro lado, o crescimento da indústria da construção devido aos inúmeros e complexos desafios que enfrenta, tais como custos e tempo, saúde e segurança, produtividade e escassez de mão de obra, são severamente limitados. Além disso, a indústria da construção é uma das indústrias menos digitalizadas do mundo, o que torna difícil lidar com os problemas que a IA enfrenta atualmente. Uma tecnologia digital avançada, a inteligência artificial revolucionou indústrias como a indústria transformadora, o retalho e as telecomunicações. Os subcampos da inteligência artificial, como a aprendizagem automática, os sistemas baseados no conhecimento, a visão por computador, a robótica e a otimização, têm sido aplicados com êxito a outras indústrias para obter maior rentabilidade, eficiência, segurança e proteção. Apesar do reconhecimento dos benefícios das aplicações de IA, ainda existem muitos desafios relacionados com a IA no sector da construção. A categoria da energia e a redução do consumo de energia estão intimamente ligadas ao aumento dos poluentes atmosféricos e ao aquecimento global. Desde várias convenções internacionais a várias conferências nacionais e internacionais, a questão da energia e da redução dos poluentes atmosféricos tornou-se um tema da atualidade e passou a estar no centro das atenções de vários círculos políticos, económicos, sociais e científicos. O desenvolvimento do design arquitetónico está intimamente relacionado com a tecnologia informática. Com o crescimento da economia do meu país e o rápido desenvolvimento da tecnologia informática na urbanização, a tecnologia da inteligência artificial proporcionou novos métodos de investigação para a indústria da construção. Atualmente, a indústria da construção do meu país está em expansão e o consumo de energia dos edifícios também está a aumentar rapidamente. Para orientar a indústria da construção no sentido do desenvolvimento da eficiência energética e da ecologia, várias empresas de construção estão a desenvolver ativamente tecnologias de eficiência energética dos edifícios. Enquanto tecnologia emergente na indústria da construção, a tecnologia BIM tem tido um impacto importante na definição de parâmetros, no controlo de custos, na colaboração profissional e na gestão da informação na engenharia da construção. Com base no desenvolvimento da tecnologia BIM e da tecnologia de inteligência artificial, este artigo investiga a aplicação específica da tecnologia BIM e de inteligência artificial em edifícios energeticamente eficientes, propõe um quadro para a conceção de edifícios energeticamente eficientes com base na tecnologia BIM e na inteligência artificial, e utiliza-o. Analisa-o. O BIM e a inteligência artificial na conceção de edifícios energeticamente eficientes proporcionam o valor de uma tecnologia de referência inovadora para o pessoal relevante do sector. Hoje em dia, o progresso da ciência e da tecnologia está a conhecer um percurso acelerado. Neste caminho, o desenvolvimento da tecnologia de inteligência artificial tornou-se parte da vida quotidiana das pessoas e é utilizado em diferentes domínios. O crescimento do sector da construção é severamente limitado devido aos inúmeros desafios complexos que enfrenta, como os custos e o tempo, a saúde e a segurança, a produtividade e a escassez de mão de obra. Além disso, a indústria da construção é uma das indústrias menos digitalizadas do mundo, o que dificultou a resolução dos problemas actuais. Uma tecnologia digital avançada, a inteligência artificial (IA), está atualmente a revolucionar indústrias como a indústria transformadora, o retalho e as telecomunicações. Os subcampos da inteligência artificial, como a aprendizagem automática, os sistemas baseados no conhecimento, a visão por computador, a robótica e a otimização, têm sido aplicados com êxito a outras indústrias para obter maior rentabilidade, eficiência, segurança e proteção. Apesar do reconhecimento dos benefícios das aplicações da inteligência artificial, ainda existem inúmeros desafios relacionados com a inteligência artificial no sector da construção. A indústria da construção tem uma relação precisa e momentânea com o mundo que a rodeia e com a vida humana. Por conseguinte, todas as questões e acontecimentos que ocorrem em Rajhan têm um efeito direto na indústria da construção. O mundo atual está em crise em várias questões. Uma das mais importantes crises existentes que está relacionada com a questão da indústria da construção de uma forma especializada é a crise energética devido à falta de recursos energéticos fósseis. Outras questões resultantes deste tópico são a poluição ambiental natural e humana grave, que é causada por razões importantes como a utilização extensiva de energia renovável na indústria da construção e a presença de humanos no edifício depois de este ter sido entregue. As actuais poluições estão a afetar todos os acontecimentos do mundo atual sob a forma de crises graves. A conceção de edifícios com elevada eficiência energética e a identificação de métodos de otimização energética não só reduzem a poluição ambiental, como também reduzem a necessidade de fontes de energia não renováveis. A utilização da inteligência artificial é um desses métodos. Os investigadores têm-se debruçado sobre esta questão, utilizando algoritmos de otimização de inteligência artificial e alterações de parâmetros para reduzir o consumo de energia. Após décadas de evolução e progresso, a inteligência artificial está hoje presente na nossa vida quotidiana e influenciou claramente os domínios da arquitetura. A aplicação da inteligência artificial na arquitetura inclui a conceção de edifícios utilizando a Internet e minimizando o consumo de energia, planeando a redução dos seus efeitos sobre o ambiente e o clima, bem como sobre a estrutura e o conforto do ambiente de vida. Uma das indústrias-mãe em qualquer país é a construção, que no Irão, devido à falta de legislação completa e correcta, qualquer pessoa pode realizar contratos de construção. Agora, deve ser feita uma aplicação abrangente sobre edifícios de zero a cem, tanto para orientar os empreiteiros que estão a executar o projeto como para os empregadores que querem um trabalho de qualidade feito para eles a um custo favorável. Centenas de outros problemas na área da construção e dos projectos de construção podem ser resolvidos utilizando e reunindo todas as tarefas que a inteligência artificial e o software de medição e estimativa são capazes de realizar e implementando-as num software abrangente e completo ou numa página web que esteja disponível. Ao introduzir as informações sobre a propriedade e ao definir a utilização dessa propriedade, forneceu vários exemplos de mapas completos e anunciou todos os bens e itens necessários e o cálculo dos custos, tendo também resolvido ou reduzido significativamente os problemas desse projeto. O consumo de energia no sector da construção, especialmente nos edifícios residenciais, devido ao desenvolvimento social e à urbanização, tem a maior quota entre todos os sectores de consumo. Entre os factores que determinam a quantidade de consumo de energia no edifício contam-se as condições meteorológicas e climáticas do local onde o edifício é construído, os materiais e os materiais utilizados no revestimento exterior e nas paredes do edifício, o tipo de arquitetura e a estrutura do edifício, as instalações centrais do edifício (aquecimento, arrefecimento, ar condicionado e iluminação), os aparelhos e o equipamento de consumo (electrodomésticos e equipamento de escritório). Por conseguinte, é essencial utilizar de forma óptima e evitar o desperdício de instalações e tomar medidas para poupar e aumentar a eficiência do edifício. Grandes volumes de dados, recursos informáticos potentes e acessíveis e algoritmos avançados de aprendizagem automática têm sido objeto de investigação no sector da construção nas últimas décadas e têm demonstrado o seu potencial para aumentar a eficiência dos edifícios. Recentemente, a inteligência artificial e as técnicas de aprendizagem automática em geral têm desempenhado um papel eficaz na previsão e no desempenho da energia dos edifícios e, da mesma forma, podem desempenhar um papel significativo na discussão do consumo de energia, na gestão, no consumo mais económico e, em última análise, na criação de conforto e conveniência. Ter. A tecnologia pode ser definida como todos os conhecimentos, produtos, processos, ferramentas, métodos e sistemas que são utilizados para criar e fabricar bens e prestar serviços. Numa linguagem simples, a tecnologia é a forma de fazer as coisas pelos humanos. Com a sua ajuda, podemos atingir os nossos objectivos. A automatização e a integração das instalações e dos equipamentos situados no interior com o objetivo global no exterior do edifício foram criadas para otimizar a utilização das instalações. Os edifícios inteligentes referem-se a uma categoria de locais que utilizam os melhores princípios de conceção, materiais, sistemas e tecnologias para proporcionar um ambiente inteligente e reativo aos utilizadores durante toda a vida do edifício. É de referir que, entre as aplicações da tecnologia moderna no edifício, podemos mencionar a construção inteligente. Para além da poupança de energia, a utilização de tecnologias modernas também proporciona conforto, tranquilidade e bem-estar aos residentes do edifício. A tecnologia dos edifícios inteligentes baseia-se em dar importância aos moradores que os utilizam e em satisfazer as suas necessidades. Entre todos os efeitos da tecnologia da informação no domínio da construção, a necessidade de um ambiente adequado para a atividade da força de trabalho da tecnologia da informação e a implantação de equipamento relacionado conduzirão ao movimento para a criação de edifícios inteligentes. Por outras palavras, os edifícios inteligentes são uma das principais manifestações da aplicação das tecnologias da informação no domínio da construção. Atualmente, devido ao rápido desenvolvimento da era da informação, a gestão tradicional da segurança está a sofrer uma profunda alteração. As tecnologias de Big Data e de inteligência artificial estão a expandir-se cada vez mais na gestão da segurança dos projectos de construção. O desenvolvimento dinâmico da tecnologia e dos métodos de inteligência artificial, especialmente no desenvolvimento de técnicas e ferramentas no domínio dos grandes volumes de dados, cria flexibilidade, adaptabilidade e uma forte capacidade de aprendizagem, o que é muito importante para a inovação dos métodos tradicionais de gestão da segurança. À medida que procuramos novas tecnologias para resolver problemas existentes, podemos beneficiar da inteligência artificial (IA) como uma ferramenta para gerir a segurança dos estaleiros de construção. A inteligência artificial é muito desejável, porque todos os dados recolhidos ao longo dos anos nos projectos podem ser utilizados para melhorar a aprendizagem automática e prever os resultados futuros dos projectos, ajudar o programa, reduzir os riscos e melhorar a produtividade. A ciência dos dados forneceu as ferramentas necessárias para armazenar, analisar e gerir estes conjuntos de dados e causou uma mudança séria no desenvolvimento da ciência e da tecnologia. Hoje em dia, devido à importância de proteger o ambiente tanto quanto possível, também devido ao aumento do preço dos portadores de energia no país e, como resultado, a importância de reduzir o consumo de combustíveis fósseis; É muito importante utilizar as energias renováveis tanto quanto possível na direção do desenvolvimento sustentável, o que leva a reduzir a dependência dos edifícios da energia com fontes de combustíveis fósseis. A principal preocupação em relação às energias renováveis, apesar da sua disponibilidade, é a conceção correcta dos edifícios para a utilização destas energias em paralelo com a utilização de tecnologia adequada, bem como a conceção adequada da cadeia de abastecimento e a gestão das questões económicas com elas relacionadas. A expansão e o desenvolvimento da utilização da inteligência artificial não só altera as condições de vida, como também o estilo e o modo de vida. O número de equipamentos electrónicos inteligentes está a aumentar. Estes dispositivos podem ser controlados através de uma aplicação em smartphones, tablets e computadores. Os aparelhos inteligentes em casa estão ligados entre si através da Internet das Coisas e funcionam em harmonia uns com os outros. Mas os dispositivos com inteligência artificial estão um passo à frente dos outros. Atualmente, o aumento contínuo dos preços da energia e a necessidade de obter informações correctas e centralizadas justificam plenamente o controlo e a integração dos sistemas de instalação dos edifícios pela gestão do investidor e do operador do edifício. A vantagem deste sistema em relação aos sistemas standard tradicionais é sobretudo a possibilidade de uma gestão centralizada e de um controlo técnico optimizado. Nos cálculos económicos da criação deste sistema, deve ser tido em conta que cerca de 10% do preço do equipamento deste sistema, que é utilizado no controlo dos sistemas de aquecimento e arrefecimento, é também gasto nos sistemas tradicionais convencionais. Outro ponto importante na escolha de um sistema é o suporte contínuo do sistema por parte da empresa fabricante ou dos seus representantes internos. Os recursos de hardware e software dos sistemas de gestão de instalações prediais são mais ou menos semelhantes entre os fabricantes internacionais, mas o ponto importante é a arte de utilizar esses recursos nas etapas de projeto, programação, instalação e, principalmente, de partida do sistema. As vantagens apontadas para este sistema, nomeadamente a otimização dos consumos energéticos e a redução dos custos de manutenção e estratégicos dos equipamentos termo-refrigeradores e eléctricos, bem como o aumento das condições de conforto dos residentes, estão diretamente dependentes da qualidade do desenho, da programação e da sua implementação, bem como de uma relação direta com o nível científico dos engenheiros líderes na análise da informação. Após décadas de evolução e progresso, a inteligência artificial (IA) está hoje enraizada na nossa vida quotidiana e influencia significativamente os domínios da arquitetura e da fiabilidade. As aplicações da inteligência artificial na arquitetura sustentável incluem a conceção de edifícios que utilizam energia eficiente, a previsão e minimização do consumo de energia, o planeamento para reduzir os seus efeitos no ambiente e no clima, e também a melhoria da segurança e do conforto do ambiente de vida. Devido ao aumento significativo da velocidade e acessibilidade da Internet e à diminuição do preço dos computadores e dos dispositivos de armazenamento de dados nos últimos anos, os grandes volumes de dados (BD) têm atualmente um papel complementar importante na inteligência artificial. Foram desenvolvidos algoritmos e códigos informáticos para extrair e analisar dados. Os grandes volumes de dados permitiram o desenvolvimento de métodos e funções de inteligência artificial em vários domínios, incluindo a arquitetura sustentável. A inteligência artificial e os grandes dados podem ser utilizados na conceção e construção de edifícios comerciais e residenciais que utilizam energia eficiente. Segue-se uma análise da aplicação da inteligência artificial e dos grandes volumes de dados em edifícios energeticamente eficientes, com destaque para a utilização da aprendizagem automática (MI) e das grandes bases de dados. No final deste artigo, são apresentados tópicos de investigação futuros. Neste artigo, enfatiza-se mais uma vez que a inteligência artificial, juntamente com o big data, pode aumentar significativamente a eficiência energética e trazer edifícios com um design de ambiente de vida confortável para os residentes. Investigar a vulnerabilidade das estruturas contra várias forças, como o vento e o terramoto, é um dos tópicos importantes da engenharia civil. Este tópico é também conhecido como monitorização do estado das estruturas. Atualmente, a existência de muitos edifícios importantes em todo o mundo e a necessidade de verificar a sua durabilidade e resistência contra várias forças é um dos tópicos importantes da engenharia. Estas investigações são importantes na medida em que permitem obter informações sobre a estrutura antes de esta sofrer danos e evacuar o edifício antes que este cause grandes perdas de vidas e de dinheiro. Um dos métodos mais famosos de formação de redes neuronais é a utilização do algoritmo de propagação de retorno Uma rede neuronal de propagação de retorno é construída e treinada. Após o treino da rede, obtém-se a rede óptima. Os resultados desta investigação mostram que a rede neural com um pequeno erro é capaz de prever os danos na estrutura de betão. Considerando a rapidez considerável deste método e a sua precisão adequada, pode concluir-se que a rede neural é capaz de detetar danos em edifícios de betão. A inteligência artificial na indústria da construção, que é conhecida no Irão como um sistema abrangente de gestão inteligente de edifícios. Trata-se de um sistema utilizado para o controlo e a gestão inteligentes das instalações e equipamentos mecânicos, eléctricos e electrónicos do edifício. De facto, através da utilização de um conjunto de componentes electrónicos em qualquer edifício, de qualquer tamanho e dimensão, é possível gerir o consumo de energia e os indicadores de custos, a manutenção e as reparações, a proteção contra o funcionamento e as crises, o controlo remoto, a segurança e os efeitos ambientais. O consumo de energia no sector da construção, especialmente nos edifícios residenciais, devido ao desenvolvimento social e à urbanização, tem a maior quota entre todos os sectores de consumo. Entre os factores que determinam a quantidade de consumo de energia no edifício contam-se as condições meteorológicas e climáticas do local onde o edifício é construído, os materiais e os materiais utilizados no revestimento exterior e nas paredes do edifício, o tipo de arquitetura e a estrutura do edifício, as instalações centrais do edifício (aquecimento, arrefecimento, ar condicionado e iluminação), os aparelhos e o equipamento de consumo (electrodomésticos e equipamento de escritório). Por conseguinte, é essencial utilizar de forma óptima e evitar o desperdício de instalações e tomar medidas para poupar e aumentar a eficiência do edifício. Grandes volumes de dados, recursos informáticos potentes e acessíveis e algoritmos avançados de aprendizagem automática têm sido objeto de investigação no sector da construção nas últimas décadas e têm demonstrado o seu potencial para aumentar a eficiência dos edifícios. Recentemente, a inteligência artificial e as técnicas de aprendizagem automática em geral têm desempenhado um papel eficaz na previsão e no desempenho da energia dos edifícios e, da mesma forma, podem desempenhar um papel significativo na discussão do consumo de energia, na gestão, num consumo mais económico e, finalmente, na criação de conforto e conveniência. A inteligência artificial está relacionada com máquinas ou sistemas inteligentes que são capazes de resolver problemas de engenharia e executar várias tarefas que requerem inteligência artificial. Utilizando a inteligência artificial, as máquinas podem pensar como os humanos e resolver qualquer problema complexo. A aprendizagem automática é um ramo da inteligência artificial que permite a um sistema aprender a partir de dados utilizando técnicas de análise estática. Na construção, deparamo-nos normalmente com uma montanha de dados que têm de ser recolhidos e registados diariamente. Para além do facto de a recolha manual de dados demorar muito tempo, a sua análise também é morosa. É precisamente aqui que se torna evidente a importância da inteligência artificial e da aprendizagem automática na construção. Com recurso à inteligência artificial, a análise de dados pode ser feita em apenas alguns segundos. Utilizando a inteligência artificial e a aprendizagem automática, é possível analisar facilmente estes dados e obter uma compreensão correcta dos mesmos. No que diz respeito à arquitetura e ao design, a IA como ferramenta de investigação pode analisar rapidamente projectos de construção e fornecer respostas adequadas aos problemas mais complexos, minimizando a intervenção humana. As operações de inteligência artificial baseiam-se na utilização de algoritmos inteligentes e repetitivos e de técnicas e métodos avançados que permitem ao software processar uma enorme quantidade de dados num período de tempo muito curto. O interessante é que em cada ciclo de processamento destes dados, os sistemas inteligentes são capazes de verificar e medir o seu desempenho e desenvolver competências adicionais. Agora que compreendemos a relação entre arquitetura e inteligência artificial, é melhor introduzir as técnicas de inteligência artificial mais comuns. Dependendo do objetivo pretendido, estas técnicas podem ser utilizadas para resolver o problema. Para compreender melhor a relação entre a arquitetura e a inteligência artificial, é necessário conhecer as técnicas desta tecnologia em várias áreas da arquitetura e do planeamento urbano, como o desenho de fachadas e de planos. Por outro lado, o grande crescimento desta ciência na conceção arquitetónica oferece a possibilidade da sua plena utilização. A aplicação da inteligência artificial na arquitetura é muito ampla e diversificada, de modo que permite aos profissionais desta área lidar com problemas complexos e melhorar a eficiência global dos seus projectos. Trata-se de um método de conceção iterativo que permite jogar com determinados parâmetros e experimentar diferentes tipos de resultados para criar formas criativas e altamente complexas. Em comparação com os métodos tradicionais, a arquitetura paramétrica permite que os arquitectos reduzam significativamente o tempo de conceção, de modo a que possam escolher o resultado pretendido e alterar a forma do edifício várias vezes, de acordo com diferentes requisitos. Trata-se de uma das técnicas de otimização do projeto que, ao contrário da arquitetura paramétrica, que utiliza restrições e parâmetros de entrada para resolver um problema de conceção, na conceção generativa são aplicados algoritmos inteligentes aos mesmos parâmetros para realizar o processo de otimização com o objetivo de encontrar a melhor solução. Numa conceção generativa, o projetista, para além de determinar os limites e os objectivos do projeto, fornece critérios de avaliação para que o software os utilize para classificar os resultados e se aproximar da conceção óptima. As empresas produtoras de software BIM, com o objetivo de melhorar a eficiência e o potencial dos seus programas. Para tal, recorrem à inteligência artificial. Com a ajuda destas ferramentas, é possível recolher uma enorme quantidade de informação que a inteligência artificial utiliza para a investigação em todas as partes do projeto e fornecer soluções óptimas num curto espaço de tempo. O software BIM equipado com inteligência artificial utiliza a aprendizagem automática para melhorar os processos de conceção e construção de edifícios. A inteligência artificial permite aos arquitectos e designers criar imagens realistas e profissionais dos projectos de arquitetura. As renderizações de software com a integração de funções inteligentes podem ajustar automaticamente os parâmetros e dar a possibilidade de criar imagens da mais alta qualidade sem qualquer esforço especial por parte do utilizador. Ao integrar tecnologias de inteligência artificial e a Internet das Coisas, podem ser utilizadas várias formas para desenvolver edifícios inteligentes para consumo. Otimizar a energia e melhorar a segurança e o conforto dos edifícios. Máquinas e robôs equipados com inteligência artificial podem realizar operações de construção repetitivas e de alto risco de forma quase autónoma e acelerar consideravelmente o progresso do projeto. Além disso, com a ajuda de drones inteligentes, a segurança do local pretendido pode ser muito melhorada. Com a ajuda de poderosas ferramentas de inteligência artificial, os projectistas podem ser ajudados a simplificar os processos de planeamento para que possam aceder a inúmeras quantidades de dados e realizar tarefas como a análise. A inteligência artificial pode ajudar a simplificar os processos de planeamento para que possam aceder a inúmeras quantidades de dados e realizar tarefas como análise, estimativa de custos, planeamento de actividades, identificação de potenciais ameaças e muito mais facilmente. A inteligência artificial tem sido capaz de proporcionar inúmeras oportunidades criativas e está a tornar-se uma ferramenta essencial nos projectos de arquitetura. Um software com funções inteligentes terá a capacidade de analisar dados de forma mais eficiente e pode ajudar os arquitectos a implementar novas técnicas de conceção arquitetónica. Alguns arquitectos e designers acreditam que, com a expansão da inteligência artificial, o seu trabalho perderá o mundo da construção, mas esta é uma crença errada e não devem considerar esta tecnologia como uma ameaça para eles, mas devem vê-la como uma grande oportunidade para facilitar o seu trabalho. Graças aos projectos baseados na inteligência artificial, no futuro assistiremos à criação de estruturas nunca antes vistas e também ao avanço da construção de cidades inteligentes a um ritmo mais rápido. As vastas aplicações da inteligência artificial na arquitetura abriram um novo mundo para designers e arquitectos, que podem realizar o seu trabalho mais rapidamente e até gerir vários projectos de forma mais eficiente ao mesmo tempo. Como arquiteto, o grau de utilização da inteligência artificial nos seus projectos depende inteiramente da sua vontade de aprender esta área. Não se esqueça de que, ao aprender as capacidades da inteligência artificial na arquitetura, pode expandir significativamente o seu trabalho. A inteligência artificial tem brilhado na indústria da construção, bem como noutros domínios. Esta nova tecnologia funciona como um engenheiro polivalente que conhece todas as nuances da construção. A inteligência artificial na construção funciona como uma pessoa que passou toda a sua vida na construção, porque é suficiente para ambos. Injetar informações como as dimensões e a geografia do terreno pretendido para fornecer o melhor mapa, calendário e estimativa de custos, tendo em conta a inflação e os desafios imprevistos. Mas a inteligência artificial pode ser injectada com milhares de experiências de construção de todo o mundo a cada segundo e esta tecnologia aprenderá com todas elas sem cometer erros. Embora possa ser um desafio no início para uma empresa de construção, os custos de aquisição e incorporação da inteligência artificial. Mas, ao fim de algum tempo, o lucro obtido com ela neutraliza os custos iniciais. A inteligência artificial irá transformar quase todos os sectores, e a arte e a ciência da arquitetura não são exceção. Nos últimos anos, a inteligência artificial tem dado passos significativos no campo do design e da arquitetura, ajudando designers e arquitectos a construir edifícios sustentáveis e eficientes que também atraem os compradores em termos de estética. Desde a conceção à construção, a inteligência artificial desempenha um papel importante na definição do futuro da arquitetura. Uma das aplicações mais importantes da inteligência artificial na arquitetura é a sua presença no processo de conceção. Normalmente e tradicionalmente, os arquitectos utilizam software de modelação 2D e 3D para desenhar os seus planos de construção. No entanto, tipos de inteligência artificial como o Chat GPT levam este processo a um nível diferente, criando opções de design que são determinadas por critérios específicos do arquiteto. A inteligência artificial pode utilizar dados como os ângulos do sol, os padrões meteorológicos, a direção do vento e a topografia da área para otimizar a localização e a direção de um edifício. Também pode analisar o comportamento e as preferências do utilizador para criar planos personalizados que satisfaçam os requisitos individuais. Num futuro próximo, podemos esperar que a aplicação da inteligência artificial na arquitetura tenha um impacto significativo no processo de conceção e construção. A inteligência artificial permite aos arquitectos conceber e preparar planos mais complexos e eficientes do que anteriormente. Com a ajuda da inteligência artificial, os arquitectos podem analisar grandes quantidades de dados, tais como códigos de construção, factores ambientais e preferências dos utilizadores. A inteligência artificial pode simplificar o processo de construção através da automatização de determinadas tarefas. Por exemplo, os robôs equipados com tecnologia de inteligência artificial podem ser utilizados para assentar paredes de tijolo, deitar betão e montar componentes pré-fabricados. A utilização da inteligência artificial na arquitetura também pode ser utilizada para monitorizar e manter os edifícios de forma mais eficiente. Os sensores colocados em todo o edifício podem recolher dados sobre tudo, desde a temperatura e a humidade até ao consumo de energia. Em seguida, estes dados podem ser analisados por algoritmos de inteligência artificial para identificar potenciais questões e problemas antes de se tornarem grandes problemas. A utilização da inteligência artificial pode ser vista na arquitetura e na fase de construção. Um dos desafios da construção é gerir a grande quantidade de dados gerados durante o processo de construção. A segurança é uma preocupação importante para qualquer edifício. Os sistemas de segurança equipados com inteligência artificial podem identificar potenciais ameaças, como intrusos ou actividades suspeitas. Estes sistemas podem analisar o conteúdo de vídeo das câmaras, identificar casos suspeitos e alertar o pessoal de segurança num determinado momento. Segundo ele, os designers e profissionais criativos estão atualmente a utilizar a aplicação da inteligência artificial na arquitetura com o objetivo de apresentar conceitos. No entanto, acredita que, com o passar do tempo, a inteligência artificial tornar-se-á uma parte fundamental e integrante do processo global de conceção de estruturas e de análise das suas várias partes, como a segurança dos edifícios. A inteligência artificial (IA) tem o potencial de afetar a maioria das indústrias, incluindo a indústria. Afecta a arquitetura e a construção. No entanto, não estamos a dizer que a inteligência artificial irá necessariamente pôr em perigo e destruir a profissão de arquiteto, mas pode alterar a natureza do seu trabalho. Por exemplo, a inteligência artificial pode ajudar os arquitectos a serem mais precisos e mais rápidos na modelação de edifícios e na conceção de projectos. Esta caraterística pode libertar o tempo dos arquitectos para se concentrarem em aspectos do seu trabalho que exigem pensamento crítico e criatividade humana, como a consideração das necessidades e preferências dos clientes, a incorporação de características de design sustentável e a garantia da integridade estrutural. Além disso, à medida que a tecnologia de inteligência artificial continua a avançar. Poderá haver oportunidades para os arquitectos se especializarem na utilização e desenvolvimento de ferramentas de inteligência artificial para a sua ciência. De um modo geral, embora a IA possa provocar mudanças na conceção e na arquitetura, é pouco provável que elimine a necessidade de mão de obra humana qualificada. A IA pode ser utilizada para criar projectos de conceção iniciais. Isto pode ajudar os arquitectos e designers a desenvolver as suas ideias mais rapidamente e a partilhá-las com os seus clientes. A inteligência artificial pode ser utilizada para analisar dados de construção. Isto pode ajudar os arquitectos e os engenheiros civis a melhorar o processo de construção e a reduzir os custos. O consumo de energia no sector da construção, especialmente em edifícios residenciais, tem a maior quota entre todos os sectores de consumo devido ao desenvolvimento social e à urbanização dedicados. Entre os factores que determinam a quantidade de consumo de energia no edifício estão as condições meteorológicas e climáticas do local onde o edifício é construído, os materiais e materiais utilizados no revestimento exterior e nas paredes do edifício, o tipo de arquitetura e estrutura do edifício, as instalações centrais do edifício (aquecimento, arrefecimento, ventilação). Ar condicionado e iluminação), aparelhos e equipamentos de consumo (electrodomésticos e equipamento de escritório). Por conseguinte, é essencial utilizar de forma óptima e evitar o desperdício de instalações e tomar medidas para poupar e aumentar a eficiência do edifício. Grandes volumes de dados, recursos informáticos potentes e acessíveis e algoritmos avançados de aprendizagem automática têm sido objeto de investigação no sector da construção nas últimas décadas e têm demonstrado o seu potencial para aumentar a eficiência dos edifícios. Recentemente, a inteligência artificial e as técnicas de aprendizagem automática em geral têm desempenhado um papel eficaz na previsão e no desempenho da energia dos edifícios e, da mesma forma, podem desempenhar um papel significativo na discussão do consumo de energia, na gestão, num consumo mais económico e, em última análise, na criação de conforto e conveniência. A inteligência artificial (IA) é uma abordagem alternativa eficiente às técnicas de modelação clássicas. A inteligência artificial refere-se ao ramo da ciência da computação que desenvolve máquinas e software com inteligência semelhante à humana. Em comparação com os métodos tradicionais, a inteligência artificial oferece vantagens para lidar com problemas relacionados com a incerteza e é uma ajuda eficaz para resolver problemas tão complexos. Além disso, as soluções baseadas na IA são boas alternativas para determinar os parâmetros do projeto de engenharia quando não é possível efetuar ensaios, poupando assim significativamente tempo e esforço humano nos ensaios. A IA pode também acelerar o processo de tomada de decisões, reduzir as taxas de erro e aumentar a eficiência computacional. Entre as várias técnicas de inteligência artificial, a aprendizagem automática (ML), o reconhecimento de padrões (PR) e a aprendizagem profunda (DL) atraíram recentemente uma atenção considerável e estão a emergir como uma nova classe de métodos inteligentes para utilização na engenharia estrutural. A engenharia civil está repleta de problemas que dificultam a obtenção de soluções através das técnicas de cálculo tradicionais. No entanto, muitas vezes podem ser resolvidos por um profissional. A inteligência artificial (IA) clássica visa esta classe de problemas, capturando a natureza da cognição humana ao mais alto nível. O termo inteligência artificial foi introduzido num workshop realizado no Dartmouth College em 1956. A inteligência artificial é um método computacional que tenta simular a capacidade cognitiva humana através da manipulação de símbolos e de bases de conhecimento simbolicamente estruturadas para resolver problemas de engenharia que desafiam a solução através de métodos convencionais. A inteligência artificial é desenvolvida com base na interação de diferentes disciplinas. Ou seja, ciências da computação, teoria da informação, cibernética, linguística e neurofisiologia. A engenharia civil está repleta de problemas que dificultam a obtenção de soluções através das técnicas de cálculo tradicionais.

No entanto, muitas vezes podem ser resolvidos por um profissional. A inteligência artificial clássica (IA) visa esta classe de problemas, captando a natureza da cognição humana ao mais alto nível. O termo inteligência artificial foi introduzido num workshop realizado no Dartmouth College em 1956. A inteligência artificial é um método computacional que tenta simular a capacidade cognitiva humana através da manipulação de símbolos e de bases de conhecimento simbolicamente estruturadas para resolver problemas de engenharia que desafiam a solução através de métodos convencionais. A inteligência artificial é desenvolvida com base na interação de diferentes disciplinas. Ou seja, ciências da computação, teoria da informação, cibernética, linguística e neurofisiologia. À medida que a Modelação da Informação da Construção (BIM) se expande ao longo do ciclo de vida do projeto, a mudança para a conceção e construção baseadas em dados conduzirá a um aumento do volume de dados gerados ao longo do projeto. Ao longo da cadeia de valor da conceção e do fabrico, os artesãos passam a maior parte do seu tempo como curadores de informação, organizando e combinando o conteúdo desta informação, e as técnicas de inteligência artificial e de aprendizagem automática (ML) são ferramentas poderosas para maximizar o valor e compreender os dados para uma tomada de decisões mais rápida e mais adequada, com um impacto significativo na arquitetura, engenharia, construção e operações de construção. Os dados são o combustível que alimenta a inteligência artificial. Utilizando dados históricos, a aprendizagem automática pode prever o futuro com base no desempenho passado, identificar padrões e gerar novos conhecimentos. O planeamento e a conceção utilizam agora ferramentas de software avançadas que ajudam a identificar inconsistências entre modelos, a criar simulações e calendários de construção precisos e a aumentar a eficiência da fase de conceção. A inteligência artificial introduziu métodos como o design generativo, que cria milhares de opções num curto espaço de tempo, que são depois modificadas pelo designer de modo a satisfazer as necessidades do cliente. Maximizar a utilização dos recursos disponíveis é uma questão importante para os gestores de projectos e para os funcionários. A inteligência artificial, combinada com dados de monitorização do local de construção, como fotografias, vídeos e sensores de campo, é fundamental para ultrapassar estes desafios, melhorando a monitorização do projeto e a gestão do risco. Ao identificar padrões comuns que conduzem a problemas e ao alertar os gestores de projectos, podem ser tomadas medidas correctivas antes que as questões se tornem críticas e afectem o progresso do projeto. O sistema de inteligência artificial também ajuda a equipa de construção, identificando e dando prioridade aos riscos para concentrar os recursos nas questões mais importantes e, mais importante ainda, ajuda a identificar e corrigir melhor os riscos de segurança no momento. Na maioria dos projectos, a coordenação de um grande número de trabalhadores, materiais e máquinas exige desafios logísticos e de planeamento significativos. No domínio da inteligência artificial, esta tem o poder de influenciar a coordenação de projectos. O planeamento do armazém de materiais e a distribuição no estaleiro de construção são áreas que registaram progressos significativos na otimização da rota, dos padrões de carregamento e da gestão do inventário com a ajuda da inteligência artificial. Por outro lado, considerando que um melhor planeamento depende do fornecimento de materiais e da utilização de equipamentos, o tempo de inatividade do projeto é minimizado e os recursos são geridos de forma eficaz. Esta tendência continua a jusante para os fornecedores de materiais e fabricantes de equipamentos, optimizando o controlo de qualidade, o aprovisionamento, a gestão de armazéns e os sistemas de preços e distribuição através da integração da inteligência artificial nos seus processos. Uma vez que a gestão e o acompanhamento do processo de construção são muito complexos, a inteligência artificial trará benefícios significativos neste domínio. Atualmente, a inteligência artificial para a arquitetura está a aumentar e a desenvolver-se rapidamente, tendo fornecido ferramentas muito adequadas para os arquitectos. De acordo com o processo de desenvolvimento da inteligência artificial, os arquitectos podem utilizar esta ferramenta para melhorar os seus campos, de modo a poderem atingir o limite da criatividade e de trabalhos fantásticos. Mover o gatilho. A inteligência artificial na arquitetura ajuda os arquitectos a serem mais eficientes, criativos e sustentáveis, automatizando tarefas, aumentando a eficiência e criando projectos inovadores. Desde o desenho concetual até à produção, a inteligência artificial é atualmente utilizada em todas as fases do processo de arquitetura. Com a utilização da inteligência artificial, o futuro da arquitetura parece mais brilhante e mais inovador. A integração da inteligência artificial (IA) na arquitetura representa uma mudança de paradigma na forma como abordamos a conceção, o planeamento e a construção. Esta tecnologia revolucionária não é apenas uma ferramenta, mas um fator de mudança, oferecendo aos arquitectos e engenheiros capacidades sem precedentes para criar estruturas eficientes, sustentáveis e inovadoras. A sustentabilidade é a base da arquitetura moderna. A inteligência artificial ajuda a conceber edifícios que são eficientes em termos energéticos e amigos do ambiente. Ao analisar os dados meteorológicos e a orientação dos edifícios, os algoritmos de IA sugerem projectos optimizados que reduzem a pegada de carbono e o consumo de energia. A Archistar utiliza a inteligência artificial para ajudar arquitectos, promotores imobiliários e urbanistas a otimizar a utilização do local, combinar o design generativo com a análise de dados urbanos, para melhorar o design dos edifícios e garantir a conformidade com o zonamento local. A Spacemaker oferece software baseado em IA que ajuda os arquitectos, os urbanistas e os promotores imobiliários a tomar decisões informadas nas fases iniciais do projeto, fornecendo informações sobre o impacto ambiental, a qualidade de vida e a conformidade regulamentar. As capacidades de previsão da inteligência artificial vão para além da construção e da gestão de edifícios. Ao analisar dados de sensores e dispositivos IoT, a inteligência artificial prevê as necessidades de manutenção, garantindo uma vida útil mais longa para as estruturas e maior segurança para os ocupantes. As ferramentas de modelação 3D baseadas na inteligência artificial criam representações exactas dos edifícios. Estes modelos proporcionam aos arquitectos e clientes uma visão clara da estrutura proposta e facilitam uma melhor tomada de decisões e alterações ao projeto. A introdução da inteligência artificial (IA) no domínio da arquitetura conduziu a projectos inovadores e transformadores, alterando a forma como os arquitectos abordam o conceito, o projeto e a construção. A arquitetura baseada na inteligência artificial, a partir de algoritmos, aprendizagem automática e análise, utiliza a análise de dados para otimizar os processos de conceção, aumentar a sustentabilidade e criar espaços mais eficientes e adaptáveis. Os algoritmos de inteligência artificial analisam grandes quantidades de dados de sensores e sistemas de toda a cidade para otimizar as operações e afetar recursos. O próprio edifício tem sistemas adaptativos que ajustam a iluminação, o aquecimento e a refrigeração com base na ocupação e nas condições ambientais, demonstrando o papel da inteligência artificial no aumento da eficiência do edifício e do conforto dos ocupantes. A inteligência artificial desempenha um papel importante no desenvolvimento urbano e ajuda a criar cidades inteligentes. Ao analisar os padrões de tráfego, a densidade populacional e a dinâmica urbana, a IA informa as decisões relacionadas com o desenvolvimento de infra-estruturas, sistemas de transporte e espaços públicos. Atualmente, professores e arquitectos famosos utilizam dados de construção e desenhos de edifícios anteriores nos seus novos projetos. Com a diferença de que, para muitos designers e planeadores de arquitetura e planeamento urbano, este processo é impossível e está na idade das trevas. A capacidade de utilizar milhares de milhões de dados anteriores num centésimo de segundo não é de nenhum ser humano, mas é um processo único e milagroso para melhorar os projectos e o planeamento arquitetónico. A inteligência artificial pode criar este milagre e a utilização de grandes volumes de dados permite alterar os fundamentos da arquitetura. Esta capacidade da inteligência artificial de utilizar grandes volumes de dados permite tomar decisões e fazer várias recomendações nos processos de conceção arquitetónica. É muito importante e útil, especialmente nas fases iniciais do projeto. No início de um projeto, todos os arquitectos precisam de inúmeras horas de investigação para compreender o objetivo de conceção do projeto e de projectos semelhantes no passado. É aqui que a inteligência artificial entra em ação. Utilizando as capacidades da inteligência artificial, o arquiteto pode facilmente obter quantidades ilimitadas de dados, pesquisar e experimentar várias ideias ao mesmo tempo. Como o conceito de cidades inteligentes está a espalhar-se lentamente, a sua cidade terá um aspeto muito diferente nos próximos anos. Escusado será dizer que a conceção de ambientes urbanos não é uma tarefa fácil e requer anos de planeamento e investigação cuidadosos. A principal tarefa do arquiteto neste domínio é compreender como uma cidade irá fluir e coexistir com um ecossistema. O aparecimento de cidades inteligentes dependentes da inteligência artificial obriga todos os arquitectos a reconsiderar as suas concepções e modelos tradicionais. A aplicação da inteligência artificial na arquitetura é muito vasta e permite aos arquitectos beneficiarem de tecnologias avançadas na conceção e construção de edifícios. A inteligência artificial é utilizada na conceção paramétrica, que é uma abordagem avançada da conceção arquitetónica. Utilizando algoritmos de inteligência artificial, os arquitectos podem criar vários desenhos alterando diferentes parâmetros e escolher o melhor desenho com base nas restrições e necessidades dos clientes e noutros factores ambientais. A inteligência artificial pode desempenhar um papel importante na melhoria da eficiência e na otimização da conceção dos edifícios. Utilizando algoritmos de inteligência artificial, é possível determinar a melhor posição para o edifício, otimizar a utilização dos recursos energéticos, melhorar o fluxo de ar e otimizar a gestão dos espaços. Em edifícios grandes e complexos, a análise de dados e a gestão da informação são muito importantes. A inteligência artificial pode ajudar os arquitectos a analisar os dados do edifício, que incluem informações sobre a estrutura, a energia, a ventilação e vários sistemas, e ajudá-los a tomar melhores decisões sobre a conceção e o funcionamento dos edifícios. A inteligência artificial na conceção e implementação de edifícios inteligentes desempenha um papel muito importante. Através da utilização de algoritmos de inteligência artificial, é possível implementar sistemas inteligentes, como sistemas domésticos inteligentes, sistemas de segurança inteligentes, sistemas de gestão de energia e sistemas inteligentes de gestão de espaços para edifícios. Ao utilizar a inteligência artificial na arquitetura, os edifícios podem ser concebidos com experiência. Melhor experiência do utilizador. A inteligência artificial pode ajudar a analisar as necessidades e os gostos dos utilizadores, identificando os seus padrões e preferências com a ajuda de algoritmos inteligentes e criando projectos compatíveis com as suas necessidades e estilo de vida. Além disso, a inteligência artificial pode ajudar a criar sistemas inteligentes nos edifícios, como sistemas domésticos inteligentes, sistemas de segurança inteligentes e sistemas de gestão de energia. Estes sistemas podem permitir aos utilizadores gerir de forma inteligente o espaço, a segurança e o consumo de energia e melhorar a experiência do utilizador. A utilização da inteligência artificial na arquitetura permite que os arquitectos criem projectos mais eficientes, inteligentes e de acordo com as necessidades e limitações dos clientes e do ambiente. Além disso, a utilização da inteligência artificial pode melhorar a experiência e os conhecimentos dos arquitectos e tornar o processo de conceção e construção de edifícios mais rápido e mais eficiente. Como resultado, a inteligência artificial, com a sua estreita relação com a arquitetura, ajuda a conceber edifícios inteligentes e optimizados e, em última análise, cria uma grande melhoria na experiência do utilizador e na eficiência dos edifícios. A construção inclui uma vasta gama de trabalhos, pelo que está diretamente relacionada com mais de trezentas profissões diferentes. A coordenação e integração deste vasto volume de trabalhos requer conhecimentos, competências e experiência suficientes, por isso, nas últimas décadas, a utilização de novas técnicas e técnicas tem sido seriamente enfatizada, e a gestão de topo das organizações governamentais e não governamentais para métodos O novo controlo de projectos tem a primeira prioridade. No entanto, uma das necessidades urgentes para apoiar este caminho de sucesso é a utilização de novos métodos de gestão de projectos, para criar recursos e fontes científicas necessárias aos gestores executivos. Apesar do crescimento significativo da engenharia de construção no aspeto da conceção e dos cálculos no país, o aspeto da implementação ainda enfrenta grandes problemas, o que é o resultado de muitos problemas dos projectos de construção deste país em termos de aspectos técnicos, temporais e financeiros. Uma vasta gama de desafios importantes no sector da construção está relacionada com os materiais e as suas propriedades. O betão ocupa um lugar especial como o material escolhido do século na engenharia civil. Depois da água, este material é considerado o mais consumido pelo homem. Os materiais tradicionais e os materiais geralmente têm desvantagens e defeitos que reduzem a vida útil da estrutura. Recentemente, com os avanços em vários

Nos domínios da nanotecnologia, muitas destas desvantagens foram ultrapassadas pelas nanopartículas. A produção de materiais com um desempenho ótimo é uma das razões mais importantes para a utilização da nanotecnologia na indústria. O objetivo final da interação entre a nanotecnologia e a ciência da produção de betão é produzir uma nova geração de betão com elevado desempenho e novas propriedades polivalentes. Ao contrário de outros aditivos para betão, que apenas melhoram propriedades específicas do betão, com a ajuda da nanotecnologia é possível melhorar o desempenho global do betão. São utilizados vários óxidos para melhorar o desempenho e as propriedades do betão, incluindo os nano-óxidos de ferro, silício, titânio, alumínio ou nanopartículas como as argilas. O desenvolvimento da inteligência artificial teve um enorme impacto na vida humana nas últimas décadas e, entretanto, a categoria do design, tal como outros aspectos da vida humana, sofreu muitas alterações. Estas mudanças são fundamentais e profundas ao ponto de exigir uma mudança na forma de pensar o design com o objetivo de se adaptar ao novo fluxo de pensamento e beneficiar das melhorias das ferramentas tecnológicas. O Zaya design, enquanto método baseado na inteligência artificial e que utiliza a computação em nuvem, pode realizar bem e com segurança as etapas difíceis e complexas da categoria de design, constituindo uma ferramenta poderosa nas mãos dos arquitectos de hoje. A indústria da construção, tal como outras indústrias, está a passar por enormes mudanças, tanto no ambiente comercial como na sua organização interna. Para se manter neste sector, é necessário dispor de informações sobre novos métodos e técnicas de gestão de processos de construção complexos e extensos. A tecnologia pode ser definida como todos os conhecimentos, produtos, processos, ferramentas, métodos e dispositivos que são utilizados para criar e fabricar bens e prestar serviços. Hoje em dia, o progresso da ciência e da tecnologia está a conhecer um percurso acelerado. Desta forma, o desenvolvimento da tecnologia de inteligência artificial tornou-se parte da vida quotidiana das pessoas e é utilizado em diferentes domínios. O crescimento do sector da construção é severamente limitado pela miríade de desafios complexos que enfrenta, como os custos e o tempo, a saúde e a segurança, a produtividade e a escassez de mão de obra. Além disso, a indústria da construção é uma das menos digitalizadas do mundo, o que lhe dificultou a resolução dos problemas actuais. Uma tecnologia digital avançada, a inteligência artificial (IA), já está a revolucionar indústrias como a indústria transformadora, o retalho e as telecomunicações. Os subcampos da inteligência artificial, como a aprendizagem automática, os sistemas baseados no conhecimento, a visão por computador, a robótica e a otimização, têm sido aplicados com êxito noutras indústrias para aumentar a rentabilidade, a eficiência, a segurança e a proteção. Apesar do reconhecimento dos benefícios das aplicações de IA, ainda existem muitos desafios relacionados com a IA no sector da construção. Antes de começar a examinar a aplicação da inteligência artificial no sector da construção, é melhor familiarizarmo-nos brevemente com a definição de inteligência artificial. A inteligência artificial funciona basicamente no centro da educação informática, ou seja, esta tecnologia permite-nos treinar um computador para agir como um humano. Como seria de esperar, os computadores incansáveis podem assumir algumas das tarefas dos humanos no sector da construção, ajudando-nos a ter mais tempo e energia para realizar outras tarefas. A inteligência artificial pode ajudar-nos a fazer melhores projectos. Nós fornecemos o interior e o exterior do edifício. Se não tiver uma ideia para a conceção do edifício, se quiser otimizar o espaço do edifício ou se quiser acelerar o processo moroso da conceção do edifício, pode atingir esse objetivo utilizando a inteligência artificial na construção. A segurança é muito importante para proteger a vida das pessoas na área do edifício, e a inteligência artificial pode ajudar-nos a atingir este objetivo. Utilizando a tecnologia de inteligência artificial, podemos avaliar a segurança do edifício e a probabilidade de acidentes de construção e utilizar os resultados obtidos para proteger a área do edifício. Até a tecnologia de IA pode analisar ficheiros de vídeo para revelar vulnerabilidades, riscos e violações de segurança. A inteligência artificial pode analisar automaticamente grandes volumes de dados relacionados com a construção. Estas análises podem ajudar a reconhecer padrões complexos nos processos de construção e levar à poupança de tempo e dinheiro através da melhoria do desempenho e da qualidade. Utilizando algoritmos de inteligência artificial, é possível melhorar a previsão dos custos relacionados com os projectos de construção. Estas previsões podem ajudar os gestores de projectos a elaborar orçamentos mais precisos e a evitar custos adicionais. A inteligência artificial pode desempenhar um papel eficaz na otimização da conceção dos edifícios. Utilizando algoritmos de aprendizagem automática, podem ser analisadas diferentes concepções e selecionada a melhor conceção com base em vários factores. Isto pode levar à poupança de energia, à melhoria do desempenho do edifício e à redução de custos. Utilizando a inteligência artificial, é possível simplificar decisões complexas nos processos de construção. Os sistemas inteligentes podem recolher e analisar informações relacionadas com o projeto e ajudar os gestores a tomar melhores decisões em matéria de programação, atribuição de recursos e gestão de riscos. A inteligência artificial também é utilizada na construção para a avaliação de riscos. A avaliação de riscos com recurso à inteligência artificial permite-nos compreender corretamente a possibilidade de nos depararmos com várias questões na construção e evitar, tanto quanto possível, a ocorrência de problemas e obstáculos que possam interferir com a execução de um projeto de construção. A inteligência artificial e a tecnologia de aprendizagem automática podem prever a ocorrência de problemas, medir o impacto e a importância de cada fator e ajudar-nos a minimizar os riscos com análises preventivas. A utilização da inteligência artificial no sector da construção está limitada apenas à conceção e segurança. Não é possível e podemos utilizar esta tecnologia para gerir e otimizar o processo de manutenção dos equipamentos de construção. Tradicionalmente, o programa de manutenção é executado às cegas em determinados intervalos, mas a tecnologia de inteligência artificial baseada em dados reais mostra-nos o momento ideal e adequado para a renovação ou manutenção do equipamento de construção; por conseguinte, a vida útil do equipamento de construção é aumentada e o tempo de inatividade é minimizado. A utilização de sistemas de inteligência artificial e de reconhecimento de imagem permite melhorar a segurança no local de trabalho. Por exemplo, através da utilização de câmaras inteligentes, podem ser detectados e avisados automaticamente possíveis incidentes. A inteligência artificial pode desempenhar um papel eficaz no desenvolvimento da construção automática. As suas aplicações incluem robôs de construção, impressão 3D e a utilização de robôs em processos de construção. Em geral, a inteligência artificial na indústria da construção pode ajudar a melhorar a eficiência, a qualidade e a reduzir os custos e, consequentemente, o desenvolvimento sustentável e o desenvolvimento desta indústria. A inteligência artificial é capaz de analisar dados com precisão e sem erros e tomar melhores decisões com base neles. Esta elevada precisão pode melhorar a qualidade dos edifícios. Ao utilizar a inteligência artificial, os processos de construção podem ser efectuados de forma automática e mais rápida. Isto permite poupar tempo e dinheiro. A inteligência artificial pode desempenhar um papel eficaz na otimização do desempenho dos edifícios. Ao analisar os dados relacionados com o desempenho do edifício, é possível identificar os pontos fracos e efetuar as melhorias necessárias. A inteligência artificial e os sistemas de reconhecimento de imagem podem melhorar a segurança no local de trabalho. Os acidentes podem ser evitados através da identificação automática de potenciais incidentes e da emissão de avisos. Utilizando a inteligência artificial, é possível otimizar o consumo de energia e melhorar a estabilidade dos edifícios. Utilizando a inteligência artificial, é possível desenvolver edifícios automatizados. Isto conduz a processos de construção mais rápidos e a custos reduzidos. Devido a estas vantagens, a utilização da inteligência artificial na indústria da construção pode ajudar a melhorar a eficiência e a reduzir os custos e, consequentemente, contribuir para o desenvolvimento sustentável e o progresso desta indústria. A inteligência artificial é capaz de executar processos de construção de forma automática e rápida. Isto leva a um aumento da velocidade e da eficiência na construção. Ao utilizar a inteligência artificial, os erros humanos nos processos de construção são reduzidos. Este facto leva à redução dos riscos e à melhoria da qualidade dos edifícios. A inteligência artificial é capaz de melhorar os projectos de construção de forma automática e inteligente. Através da análise de dados e de algoritmos complexos, é possível fornecer planos mais optimizados e mais eficientes. A inteligência artificial pode desempenhar um papel eficaz no diagnóstico e na previsão das necessidades de manutenção e reparação dos edifícios. Ao analisar os dados relacionados com o desempenho do edifício, é possível identificar os pontos fracos e efetuar as melhorias necessárias. A inteligência artificial é capaz de otimizar de forma inteligente o consumo de energia. Ao analisar os dados relacionados com o consumo de energia, podem ser fornecidas soluções óptimas para reduzir o consumo de energia nos edifícios. A utilização da inteligência artificial pode levar à redução de custos no sector da construção. Ao aumentar a eficiência e melhorar os processos de construção, os custos são reduzidos. Em geral, a utilização da inteligência artificial no sector da construção pode ajudar a melhorar o desempenho, reduzir os custos e aumentar a estabilidade e a segurança dos edifícios. A conceção generativa é um método de conceção baseado na inteligência artificial. Neste método, a inteligência artificial está ligada a uma base de dados rica em planos de construção diferentes. Os projectistas e engenheiros podem fornecer ao sistema os seus objectivos e restrições de conceção. Em seguida, o sistema apresenta várias propostas de projeto como resultado, utilizando algoritmos de geração automática. A inteligência artificial é a inteligência que uma máquina demonstra em diferentes situações. Por outras palavras, a inteligência artificial refere-se a sistemas que podem ter reacções semelhantes aos comportamentos inteligentes humanos, incluindo a compreensão de situações complexas, a simulação de processos de pensamento e métodos de raciocínio humanos e a resposta bem sucedida aos mesmos, a aprendizagem e a capacidade de adquirir conhecimentos e raciocinar para resolver problemas. A modelação do processo de incêndio florestal é muito importante para o controlo eficaz dos incêndios florestais e para a tomada das precauções necessárias antes do início do incêndio. A inteligência artificial (IA), a aprendizagem automática (ML) e a aprendizagem profunda (DL) estão a ter um impacto significativo no sector bancário (tecnologia financeira ou fintech), na saúde e nos cuidados de saúde (tecnologia da saúde), no direito (tecnologia regulamentar) e noutros sectores, como a recolha de donativos para caridade (tecnologia da caridade). A velocidade da inovação relacionada com a tecnologia e a capacidade de os sistemas de inteligência artificial pensarem como os seres humanos (simulação da inteligência humana), realizarem tarefas e tarefas de forma autónoma, desenvolverem e expandirem a inteligência com base nas suas experiências e processarem camadas de informação para a aprendizagem representacional. A natureza cada vez mais complexa dos dados (ML/DL) significa que o ritmo a que esta tecnologia pode executar tarefas complexas, técnicas e morosas, pessoas, objectos, sons, padrões, etc., identificar problemas, investigar problemas precocemente e fornecer soluções, proporcionará benefícios impressionantes nas condições económicas, políticas e sociais. A avaliação ambiental desempenha um papel importante no desenvolvimento da cultura e da economia na nova era. Quando as condições ambientais estão degradadas, uma avaliação exaustiva da análise ecológica é altamente necessária para a avaliação ambiental. Por conseguinte, o desenvolvimento de um sistema de avaliação científica da avaliação ambiental é muito importante para o desenvolvimento da cultura e da economia. A gestão ambiental (GEA) combina investigação, estratégia e implementações económicas e sociais para analisar as consequências do processo ambiental. O objetivo do SGA é identificar áreas para aumentar a produtividade e as poupanças. A eliminação de resíduos, o consumo de energia, o transporte, a produção e a utilização de produtos são áreas que podem gerar benefícios reais e poupanças financeiras. Outros benefícios importantes incluem: maior alinhamento com os regulamentos ambientais. Em particular, enfatiza a identificação de soluções para os problemas que as pessoas enfrentam com a natureza, a gestão de recursos e a produção de resíduos. Um sistema de gestão ambiental (SGA) é um conjunto de processos que permite a uma organização reduzir o seu impacte ambiental e aumentar a sua eficiência operacional. A gestão ambiental num contexto completamente centrado no ser humano, a questão fundamental de como inovar as tecnologias para desenvolver e determinar o ambiente natural tem sido continuamente discutida. A estrutura das cidades inteligentes proporciona uma vida melhor para a massa de pessoas através da comunicação digital interna e conduz a uma maior eficiência e acessibilidade nas cidades. As cidades inteligentes devem garantir a segurança e a privacidade das pessoas para assegurar a participação dos seus cidadãos. Se os cidadãos estiverem relutantes em participar, a principal vantagem de uma cidade inteligente perder-se-á. Numa fábrica de cimento, uma vez que todos os processos são químicos e irreversíveis, a monitorização e o controlo são um fator importante. Se o processo não for controlado em qualquer fase, o produto final será danificado ou destruído. Por conseguinte, nestes ambientes, é necessário verificar a qualidade do produto em qualquer circunstância. Além disso, para controlar o processo, é necessária a comunicação entre as diferentes partes da linha de produção. O tempo perdido na linha de produção tem um impacto direto no tempo de correção do processo e no desempenho da produção de cimento. A importância do controlo do processo em produtos de qualidade é clara e transparente. A maioria dos processos de produção, como os processos industriais e químicos, tem sistemas de controlo automático. A maioria dos sistemas de controlo de qualidade automatizados é utilizada para detetar condições fora de controlo. Além disso, estes sistemas dão ênfase ao resultado da produção e às medidas de controlo. Entre os vários sistemas de controlo de processos e de deteção de erros, o controlo de qualidade é diferente. O controlo do processo é diferente nos processos químicos devido à sua natureza irreversível. Se o processo estiver fora de controlo, o produto é completamente destruído. Nos últimos anos, foram propostos muitos métodos técnicos de automatização do controlo de qualidade do cimento. Muitos destes métodos dizem respeito à análise de raios X em diferentes partes da linha de produção de cimento. Centraram-se no controlo químico do cimento. No processo do cimento, o sistema integrado de controlo da qualidade do processo tem atraído pouca atenção. Juntamente com a natureza do processo do cimento, a supervisão e a interação entre os diferentes departamentos também são importantes. O sistema de controlo de qualidade que monitoriza o processo, controla a entrada e saída de diferentes partes e também revela as condições de erro no complexo industrial. As limitações de qualquer tecnologia de segurança, juntamente com o crescimento da pressão dos ciberataques, tornam a necessidade de gestão da segurança da informação uma realidade e aumentam as actividades que são realizadas por partes da rede executiva e do pessoal de segurança. Por conseguinte, é necessário aumentar os mecanismos de edição automática e os relatórios inteligentes para a ciberconfiança. Os sistemas inteligentes são sistemas de computação automáticos baseados em métodos inteligentes que suportam a monitorização contínua e o acompanhamento das actividades. A inteligência melhora a capacidade de um indivíduo para tomar melhores decisões. Entre estes componentes, os sistemas inteligentes incluem agentes inteligentes que apresentam um elevado nível de automaticidade e de funcionamento correto. O conhecimento no sistema de apoio ajuda os utilizadores a compreender as questões actuais no domínio da segurança com um elevado nível de precisão. Informações sobre pagamentos. Gestão das questões e abordagens de segurança da informação Gestão do sistema de informação subjacente para garantir a eficácia dos controlos de segurança da informação nas nossas fontes de informação. Mostra o cuidado e o controlo das questões de segurança com base na adoção de políticas de segurança, tecnologias e principais acções para a tomada de decisões pelos indivíduos. O objetivo da gestão da segurança da informação é assegurar a continuidade, fiabilidade e continuidade da informação numa organização. Embora diferentes tecnologias de segurança suportem funções de segurança específicas, existem outras questões que afectam a gestão da segurança da informação. Estas tecnologias não são eficazes e comparáveis porque analisam dados com base em conhecimentos humanos a distâncias humanas. Muitas ferramentas e sistemas podem produzir eventos e dar sinais de problemas. Os pares desta ferramenta podem surgir em alturas diferentes e de empresas diferentes, com relatórios e capacidades de gestão diferentes e, pior ainda, com listas de dados diferentes. As tecnologias de segurança não são constantemente actualizadas e a Harar fornece tecnologia de informação no seu próprio formato. Estes sistemas funcionam com diferentes versões e linhas de produção e têm pouca tendência para serem modificados ou terem caracteres com o sinal de prevenção de acontecimentos. As asas de Farosh podem não ter um sinal de igual. Estas tecnologias carecem das características de continuidade e de análise da recolha de dados. Estes sistemas requerem capacidades operacionais como a auto-sintonização e a auto-proteção. Infelizmente, pode levar muito tempo para o conseguir. Em comparação com os sistemas de autosserviço, outro método são os sistemas que privilegiam a interação eficaz com o agente humano. Por exemplo, as políticas de segurança podem contrariar a implementação do agente e comunicar com as pessoas para garantir o comportamento resultante face às ameaças e às políticas de segurança. As soluções de gestão de incidentes de segurança são necessárias para recolher informações sobre ameaças de vários departamentos, correlacionar incidentes de várias fontes e identificar incidentes significativos para cobrir riscos não geridos e melhorar as operações, tornando-as seguras. Os mecanismos inteligentes de edição e comunicação de informações devem lidar com a gestão em grande escala e a toda a hora. As ferramentas automatizadas reduzem a necessidade de os humanos executarem os processos. A gestão da segurança da informação tem de se adaptar e generalizar ao método de gestão de eventos de segurança, reforçando as capacidades executivas que podem prever possíveis ataques e apoiar as actividades humanas. A tecnologia pode ser definida como todos os conhecimentos, produtos, processos, ferramentas, métodos e sistemas que são utilizados para criar e fabricar bens e prestar serviços. Em termos simples, a tecnologia é a forma como os seres humanos fazem as coisas, com a ajuda da qual podemos atingir os nossos objectivos. A automatização e a integração de instalações e equipamentos situados no interior (BMS - Building Management System) com o objetivo global do exterior do edifício foram criadas para utilizar as instalações de forma mais optimizada. A construção inteligente refere-se a uma categoria de locais que utiliza os melhores princípios de conceção, materiais, sistemas e tecnologias para proporcionar um ambiente inteligente e reativo aos utilizadores durante toda a vida do edifício. É de referir que, entre as aplicações da tecnologia moderna no edifício, podemos mencionar a construção inteligente. Para além da poupança de energia, a utilização de tecnologias modernas também proporciona conforto, tranquilidade e bem-estar aos residentes do edifício. A tecnologia dos edifícios inteligentes baseia-se em dar importância aos moradores e satisfazer as suas necessidades. Atualmente, o leque de acesso às tecnologias geográficas está a aumentar em várias áreas. A maioria das tecnologias requer um elemento espacial e este é um dos pilares mais importantes das tecnologias em crescimento. Nenhuma das actividades ou investigação futura pode ser imaginada sem informações de localização.

Referências

Tabian, H. Fu, Z. Sharif Khodaei, Uma rede neural convolucional para deteção de impacto e caraterização de estruturas compostas complexas, Sensores. 19 (2019), https://doi.org/10.3390/s19224933.

Y. Roh, G. Heo, SE Whang, Uma pesquisa sobre coleta de dados para aprendizado de máquina: uma perspetiva de integração de big data - IA, IEEE Transactions on Knowledge and Data Engineering. 33 (2021) 1328-1347, https://doi.org/10.1109/ TKDE.2019.2946162.

N.J. van Eck, L. Waltman, Software survey: VOSviewer, um programa de computador para mapeamento bibliométrico, Scientometrics. 84 (2010) 523-538, https://doi.org/ 10.1007/s11192-009-0146-3.

S. Chaillou, AI+ Architecture: Towards a New Approach 188, Universidade de Harvard. 2019. https://www.academia.edu/39599650/AI_Architecture_Towa rds_a_New_Approach (acedido em 20 de setembro de 2021).

N. Nauata, K.-H. Chang, C.-Y. Cheng, G. Mori, Y. Furukawa, House-GAN: relational generative adversarial networks for graph-constrained house layout generation, ArXiv (2020), https://doi.org/10.48550/arXiv.2003.06988, 2003.06988 [Cs].

A. Radford, L. Metz, S. Chintala, Unsupervised representation learning with deep convolutional generative adversarial networks, ArXiv (2016), https://doi.org/ 10.48550/arXiv.1511.06434, 1511.06434 [Cs].

P. Isola, J.-Y. Zhu, T. Zhou, A.A. Efros, ArXiv (2018), https://doi.org/10.48550/ arXiv.1611.07004, 1611.07004 [Cs].

M. Mirza, S. Osindero, Conditional generative adversarial nets, ArXiv (2014), https://doi.org/10.48550/arXiv.1411.1784, 1411.1784 [Cs, Stat].

T.-C. Wang, M.-Y. Liu, J.-Y. Zhu, A. Tao, J. Kautz, B. Catanzaro, Síntese de imagem de alta resolução e manipulação semântica com GANs condicionais, ArXiv (2018), https://doi.org/10.48550/arXiv.1711.11585, 1711.11585 [Cs].

W. Huang, H. Zheng, em: Architectural Drawings Recognition and Generation Through Machine Learning, Proceedings of the 38th Annual Conference of the Association for Computer Aided Design in Architecture (ACADIA), Cidade do México, México, 2018. http://papers.cumincad.org/cgi- bin/works/paper/acadia18_156 (acedido em 20 de setembro de 2021).

Y. Li, Q. Wang, J. Zhang, L. Hu, W. Ouyang, A pesquisa teórica de redes adversárias generativas: uma visão geral, Neurocomputing. 435 (2021) 26-41,

https://doi.org/10.1016/j.neucom.2020.12.114.

W. Wu, X.-M. Fu, R. Tang, Y. Wang, Y.-H. Qi, L. Liu, geração de planos interiores orientados por dados para edifícios residenciais, ACM Transactions on Graphics. 38 (2019), https://doi.org/10.1145/3355089.3356556.

R. Hu, Z. Huang, Y. Tang, O. Van Kaick, H. Zhang, H. Huang, Graph2Plan: aprender a geração de plantas baixas a partir de gráficos de layout, ACM Transactions on Graphics. 39 (2020), https://doi.org/10.1145/3386569.3392391.

S. Kim, S. Park, H. Kim, K. Yu, Análise profunda de plantas baixas para desenhos complicados com base na transferência de estilo, Journal of Computing in Civil Engineering. 35 (2021) 04020066, https://doi.org/10.1061/(ASCE)CP.1943-5487.0000942.

T. Dodge, J. Xu, B. Stenger, Analisando imagens de plantas baixas, em: 2017 Fifteenth IAPR International Conference on Machine Vision Applications (MVA), 2017, pp. 358-361, https://doi.org/10.23919/MVA.2017.7986875.

C. Liu, J. Wu, Y. Furukawa, FloorNet: uma estrutura unificada para reconstrução de plantas baixas a partir de digitalizações 3D, ArXiv (2018), https://doi.org/10.48550/ arXiv.1804.00090, 1804.00090 [Cs].

S.-T. Yang, F.-E. Wang, C.-H. Peng, P. Wonka, M. Sun, H.-K. Chu, DuLa-Net: uma rede de projeção dupla para estimar layouts de salas a partir de um único panorama rgb, ArXiv (2019), https://doi.org/10.48550/arXiv.1811.11977, 1811.11977 [Cs].

I. As, S. Pal, P. Basu, e Inteligência artificial na arquitetura: geração de design concetual através de aprendizagem profunda, International Journal of Architectural Computing. 16 (2018) 306-327, https://doi.org/10.1177/1478077118800982.

K. Wang, M. Savva, A. Chang, D. Ritchie, priores convolucionais profundos para síntese de cenas internas, ACM Transactions on Graphics. 37 (2018) 1-14, https://doi.org/ 10.1145/3197517.3201362.

L.-C. Chen, G. Papandreou, I. Kokkinos, K. Murphy, A.L. Yuille, DeepLab: segmentação de imagem semântica com redes convolucionais profundas, convolução atrous e CRFs totalmente conectados, IEEE Transactions on Pattern Analysis and Machine Intelligence 40 (2018) 834-848, https://doi.org/10.1109/TPAMI.2017.2699184.

J. Seo, H. Park, S. Choo, Inferência de elementos de desenho e utilização de espaço em desenhos arquitectónicos utilizando segmentação semântica, Applied Sciences. 10 (2020) 7347, https://doi.org/10.3390/app10207347.

H. Zheng, P.F. Yuan, Um método generativo de projeto arquitetônico e urbano por meio de redes neurais artificiais, Building and Environment. 205 (2021), 108178, https://doi.org/10.1016/j.buildenv.2021.108178.

W. Qian, Y. Xu, H. Li, Uma rede adversária generativa auto-esparsa para projeto autônomo em estágio inicial de esboços arquitetônicos, Engenharia Civil e de Infraestrutura Assistida por Computador 37 (2022) 612-628, https://doi.org/10.1111/ mice.12759.

Y. Zhang, C.C. Ong, J. Zheng, S.-T. Lie, Z. Guo, projeto generativo de peças arquitetônicas decorativas, The Visual Computer. (2021), https://doi.org/10.1007/ s00371-021-02142-1.

Y.K. Yi, Y. Zhang, J. Myung, Reconhecimento de estilo de casa usando rede neural convolucional profunda, Automação na Construção. 118 (2020), 103307, https://doi. org/10.1016/j.autcon.2020.103307.

J.H. Holland, Outros, Adaptation in Natural and Artificial Systems: An Introductory Analysis with Applications to Biology, Control, and Artificial Intelligence, MIT Press, 1992 (ISBN: 9780262275552).

1 .-C. Yeh, Architectural layout optimization using annealed neural network, Automation in Construction. 15 (2006) 531-539, https://doi.org/10.1016/j. autcon.2005.07.002.

C.M. Herr, T. Kvan, Adaptação dos autómatos celulares para apoiar o processo de projeto de arquitetura, Automation in Construction. 16 (2007) 61-69, https://doi.org/ 10.1016/j.autcon.2005.10.005.

K. Besserud, J. Cotten, Architectural Genomics, em: Proceedings of the 28th Annual Conference of the Association for Computer Aided Design in Architecture (ACADIA), CUMINCAD, Minneapolis, 2008. http://papers.cumincad.org/cgi-bi n/works/paper/acadia18_156 (acedido em 20 de setembro de 2021).

J.M. Gagne, M. Andersen, Otimização de fachada multiobjetivo para projeto de iluminação natural usando um algoritmo genético, em: Proceedings of SimBuild 2010-4th National Conference of IBPSA-USA, 2010. https://infoscience.epfl.ch/record/153674/file s/Multi-objective%20facade%20optimization.pdf (acedido em 20 de setembro de 2021).

M. Turrin, P. von Buelow, R. Stouffs, Design explorations of performance driven geometry in architectural design using parametric modeling and genetic algorithms, Advanced Engineering Informatics. 25 (2011) 656-675, https://doi. org/10.1016/j.aei.2011.07.009.

H. Zheng, Y. Ren, em: Architectural Layout Design Through Simulated Annealing Algorithm, Actas da 25.ª Conferência Internacional sobre Investigação em Design Arquitetónico Assistido por Computador na Ásia (CAADRIA), CUMINCAD, Banguecoque, Tailândia, 2020. http://papers.cumincad.org/data/works/att/caadria2020_024. pdf (acedido em 20 de setembro de 2021).

H. Inc, Higharc. https://www.higharc.com, 2022 (acedido em 11 de fevereiro de 2022). [34] Finch. https://finch3d.com/, 2022 (acedido em 11 de fevereiro de 2022).

K. Gucluer, A. Ozbeyaz, " S. Goymen, " O. Gunaydin, Uma investigação comparativa usando métodos de aprendizado de máquina para estimativa de resistência à compressão de concreto, Materials Today Communications 27 (2021), 102278, https://doi.org/10.1016/j. mtcomm.2021.102278.

S. Kristombu Baduge, P. Mendis, Novo racional baseado em energia para o projeto de ductilidade nominal de colunas de concreto de resistência muito alta (> 100 MPa), Estruturas de Engenharia. 198 (2019), 109497, https://doi.org/10.1016/j. engstruct.2019.109497.

J.-S. Chou, C.-F. Tsai, A.-D. Pham, Y.-H. Lu, Aprendizagem automática em simulações de resistência do betão: Análise de dados multi-nacionais, Construção e Materiais de Construção. 73 (2014) 771780, https://doi.org/10.1016/j.conbuildmat.2014.09.054.

D.-K. Bui, T. Nguyen, J.-S. Chou, H. Nguyen-Xuan, TD Ngo, Um sistema especialista em rede neural artificial de algoritmo de vaga-lume modificado para prever a resistência à compressão e à tração de concreto de alto desempenho, Construção e Materiais de Construção. 180 (2018) 320-333, https://doi.org/10.1016/j. conbuildmat.2018.05.201.

F. Demir, K. Armagan Korkmaz, Prediction of lower and upper bounds of elastic modulus of high strength concrete, Construction and Building Materials. 22 (2008) 1385-1393, https://doi.org/10.1016/j.conbuildmat.2007.04.012.

B.-T. Chen, T.-P. Chang, J.-Y. Shih, J.-J. Wang, Estimation of exposed temperature for firedamaged concrete using support vetor machine, Computational Materials Science. 44 (2009) 913-920, https://doi.org/10.1016/j. commatsci.2008.06.017.

S. Gupta, Usando rede neural artificial para prever a resistência à compressão de concreto contendo nano-sílica, Engenharia Civil e Arquitetura 1 (2013) 96-102, https://doi.org/10.13189/cea.2013.010306.

C. Bilim, C.D. Atis" H. Tanyildizi, O. Karahan, Predicting the compressive strength of ground granulated blast furnace slag concrete using artificial neural network, Advances in Engineering Software. 40 (2009) 334-340, https://doi.org/10.1016/ j.advengsoft.2008.05.005.

B.R. Prasad, H. Eskandari, B.V. Reddy, Previsão da resistência à compressão de SCC e HPC com alto volume de cinzas volantes usando ANN, Construção e Materiais de Construção. 23 (2009) 117-128, https://doi.org/10.1016/j. conbuildmat.2008.01.014.

U. Atici, Prediction of the strength of mineral admixture concrete using multivariable regression analysis and an artificial neural network, Expert Systems with Applications. 38 (2011) 96099618, https://doi.org/10.1016/j. eswa.2011.01.156.

A. Behnood, K.P. Verian, M.M. Gharehveran, Avaliação da resistência à tração por rutura em betão simples e reforçado com fibras de aço com base na resistência à compressão, Construção e Materiais de Construção. 98 (2015) 519-529, https://doi. org/10.1016/j.conbuildmat.2015.08.124.

A. Behnood, E.M. Golafshani, Prevendo a resistência à compressão do concreto de sílica ativa usando rede neural artificial híbrida com lobos cinzentos multiobjetivos, Journal of Cleaner Production. 202 (2018) 54-64, https://doi.org/10.1016/j. jclepro.2018.08.065.

O. AlShareedah, S. Nassiri, Metodologia para a conceção mecanicista de pavimentos de betão permeável, Journal of Transportation Engineering, Part B: Pavements 145 (2019) 04019012, https://doi.org/10.1061/JPEODX.0000117.

H. Chen, C. Qian, C. Liang, W. Kang, Uma abordagem para prever a resistência à compressão de materiais à base de cimento expostos ao ataque de sulfato, PLoS One 13 (2018), https://doi.org/10.1371/journal.pone.0191370.

A. Ahmad, F. Farooq, K.A. Ostrowski, K. Sliwa-Wieczorek, ' S. Czarnecki, Application of novel machine learning techniques for predicting the surface chloride concentration in concrete containing waste material, Materials. 14 (2021) 2297, https://doi.org/10.3390/ma14092297.

I. Nunez, M.L. Nehdi, Previsão de aprendizagem de máquina da profundidade de carbonatação em concreto agregado reciclado incorporando SCMs, Construção e Materiais de Construção. 287 (2021), 123027, https://doi.org/10.1016/j. conbuildmat.2021.123027.

M.A. DeRousseau, J.R. Kasprzyk, W.V. Srubar, Otimização do projeto computacional de misturas de concreto: uma revisão, Cement and Concrete Research. 109 (2018) 42-53, https://doi.org/10.1016/j.cemconres.2018.04.007.

P.S.M. Thilakarathna, S. Seo, K.S.K. Baduge, H. Lee, P. Mendis, G. Foliente, Análise do carbono incorporado e emissões de referência de betão de alta e ultra-alta resistência utilizando algoritmos de aprendizagem automática, Journal of Cleaner Production. 262 (2020), 121281, https://doi.org/10.1016Zj. jclepro.2020.121281.

R. Parichatprecha, P. Nimityongskul, Uma abordagem integrada para a conceção óptima da proporção de mistura HPC utilizando algoritmo genético e redes neurais artificiais, Computers and Concrete. 6 (2009) 253-268, https://doi.org/10.12989/ cac.2009.6.3.253.

B. Ahmadi-Nedushan, Um algoritmo de aprendizagem baseado em instâncias optimizadas para estimar a resistência à compressão do betão, Engineering Applications of Artificial Intelligence. 25 (2012) 1073-1081, https://doi.org/10.1016/j. engappai.2012.01.012.

M. Timur Cihan, Previsão da resistência à compressão do concreto e queda por métodos de aprendizado de máquina, Avanços em Engenharia Civil 2019 (2019), https:// doi.org/10.1155/2019/3069046.

U. Atici, Prediction of the strength of mineral admixture concrete using multivariable regression analysis and an artificial neural network, Expert Systems with Applications. 38 (2011) 96099618, https://doi.org/10.1016/j. eswa.2011.01.156.

J. Zhang, D. Li, Y. Wang, Predicting uniaxial compressive strength of oil palm shell concrete using a hybrid artificial intelligence model, Journal of Building Engineering 30 (2020), 101282, https://doi.org/10.1016/j.jobe.2020.101282.

S.S. Bangaru, C. Wang, M. Hassan, H.W. Jeon, T. Ayiluri, Estimativa do grau de hidratação do concreto por meio de análise de microestrutura baseada em aprendizado de máquina automatizado - Um estudo sobre o efeito da ampliação da imagem, Advanced Engineering Informatics. 42 (2019), 100975, https://doi.org/10.1016/j. aei.2019.100975.

A. Ahmad, F. Farooq, P. Niewiadomski, K. Ostrowski, A. Akbar, F. Aslam, R. Alyousef, Previsão da resistência à compressão de betão à base de cinzas volantes utilizando algoritmo individual e de conjunto, Materials. 14 (2021) 794, https://doi.org/ 10.3390/ma14040794.

A. Karbassi, B. Mohebi, S. Rezaee, P. Lestuzzi, Previsão de danos para edifícios regulares de betão armado utilizando o algoritmo da árvore de decisão, Computers & Structures. 130 (2014) 46-56, https://doi.org/10.1016/j. compstruc.2013.10.006.

S. Lee, C. Lee, Previsão da resistência ao cisalhamento de membros flexíveis de concreto reforçado com FRP sem estribos usando redes neurais artificiais, Estruturas de Engenharia. 61 (2014) 99-112, https://doi.org/10.1016/j.engstruct.2014.01.001.

A.A. Al-Musawi, A.A.H. Alwanas, S.Q. Salih, Z.H. Ali, M.T. Tran, Z.M. Yaseen, Resistência ao cisalhamento do SFRCB sem simulação de estribos: implementação de um modelo híbrido de inteligência artificial, Engineering with Computers. 36 (2020) 1-11, https://doi.org/10.1007/s00366-018-0681- 8.

O.B. Olalusi, P. Spyridis, Modelos baseados em aprendizagem de máquina para a previsão da capacidade de rutura de betão de âncoras simples em cisalhamento, Advances in Engineering Software. 147 (2020), 102832, https://doi.org/10.1016/j. advengsoft.2020.102832.

J. Zhang, Y. Sun, G. Li, Y. Wang, J. Sun, J. Li, Previsão da resistência ao corte assistida por aprendizagem automática de vigas de betão armado com e sem estribos, Engineering with Computers. (2020), https://doi.org/10.1007/s00366-020- 01076-x.

J. Rahman, K.S. Ahmed, N.I. Khan, K. Islam, S. Mangalathu, Previsão de resistência ao cisalhamento orientada por dados de vigas de concreto reforçado com fibra de aço usando abordagem de aprendizado de máquina, Estruturas de Engenharia. 233 (2021), 111743, https://doi.org/ 10.1016/j.engstruct.2020.111743.

J.-S. Chou, C.-F. Tsai, A.-D. Pham, Y.-H. Lu, Aprendizagem automática em simulações de resistência do betão: Análise de dados multi-nacionais, Construção e Materiais de Construção. 73 (2014) 771-780, https://doi.org/10.1016/j.conbuildmat.2014.09.054.

A. Behnood, K.P. Verian, M.M. Gharehveran, Avaliação da resistência à tração por rutura em betão simples e reforçado com fibras de aço com base na resistência à compressão, Construção e Materiais de Construção. 98 (2015) 519-529, https://doi.org/10.1016/j.conbuildmat.2015.08.124.

M.I. Khan, Proporções de mistura para HPC incorporando compósitos multi-cimentícios usando redes neurais artificiais, Construção e Materiais de Construção. 28 (2012) 14-20, https://doi.org/10.1016/j.conbuildmat.2011.08.021.

L. Bal, F. Buyle-Bodin, Rede neural artificial para prever a retração por secagem do betão, Construção e Materiais de Construção. 38 (2013) 248-254, https://doi.org/10.1016/j.conbuildmat.2012.08.043.

V. Nilsen, L.T. Pham, M. Hibbard, A. Klager, S.M. Cramer, D. Morgan, Previsão do coeficiente de expansão térmica do concreto e outras propriedades usando aprendizado de máquina, Construção e Materiais de Construção. 220 (2019) 587-595, https://doi.org/10.1016/j.conbuildmat.2019.05.006.

J. Lizarazo-Marriaga, P. Claisse, Determinação do coeficiente de difusão de cloretos em betão com base num ensaio eletroquímico e num modelo de otimização, Materials Chemistry and Physics. 117 (2009) 536-543, https://doi.org/10.1016/j. matchemphys.2009.06.047.

R. Cai, T. Han, W. Liao, J. Huang, D. Li, A. Kumar, H. Ma, Previsão da concentração de cloreto de superfície de concreto marinho usando aprendizado de máquina de conjunto, Cement and Concrete Research. 136 (2020), 106164, https://doi.org/10.1016/j. cemconres.2020.106164.

A.H. Gandomi, A.H. Alavi, Aplicações da inteligência computacional na simulação do comportamento de materiais de betão, in: X.-S. Yang, S. Koziel (Eds.), Computational Optimization and Applications in Engineering and Industry, Springer, Berlin, Heidelberg, 2011, pp. 221-243, https://doi.org/10.1007/978-3-642-20986-4_9.

K. Yan, C. Shi, Prediction of elastic modulus of normal and high strength concrete by support vetor machine, Construction and Building Materials. 24 (2010) 1479-1485, https://doi.org/10.1016/j.conbuildmat.2010.01.006.

B. Ahmadi-Nedushan, Previsão do módulo de elasticidade do betão normal e de alta resistência utilizando ANFIS e modelos de regressão não linear optimizados, Construction and Building Materials. 36 (2012) 665-673, https://doi.org/10.1016/j. conbuildmat.2012.06.002.

S. Guo, J. Yu, X. Liu, C. Wang, Q. Jiang, Um modelo de previsão de propriedades do aço usando o big data industrial baseado em aprendizado de máquina, Computational Materials Science. 160 (2019) 95104, https://doi.org/10.1016/j.commatsci.2018.12.056.

J. Xiong, T. Zhang, S. Shi, aprendizado de máquina de propriedades mecânicas de aços, Science China Technological Sciences. (2020) 1247-1255, https://doi.org/ 10.1007/s11431-020-1599-5.

F. Yan, K. Song, Y. Liu, S. Chen, J. Chen, Previsões e análises de mecanismos da resistência à fadiga do aço com base no aprendizado de máquina, Journal of Materials Science. 55 (2020) 1533415349, https://doi.org/10.1007/s10853-020-05091-7.

S. Tiryaki, A. Aydin, Um modelo de rede neural artificial para prever a resistência à compressão de madeiras tratadas termicamente e comparação com um modelo de regressão linear múltipla, Construction and Building Materials. 62 (2014) 102-108, https://doi.org/10.1016/j.conbuildmat.2014.03.041.

M. Nazerian, S.A. Razavi, A. Partovinia, E. Vatankhah, Z. Razmpour, Previsão da resistência à flexão de uma madeira laminada (LVL) utilizando uma rede neural artificial, Mechanics of Composite Materials. 56 (2020) 649-664, https://doi.org/ 10.1007/s11029-020-09911-4.

H. Chai, X. Chen, Y. Cai, J. Zhao, modelagem de rede neural artificial para prever o teor de umidade da madeira no processo de secagem a vácuo de alta frequência, Forests. 10 (2019) 16, https://doi.org/10.3390/f10010016.

S. Avramidis, L. Liadis, Predicting wood thermal conductivity using artificial neural networks, in: Wood and Fiber Science 37, 2005, pp. 682-690. https://wfs.

swst.org/index.php/wfs/article/view/260 (acedido em 20 de setembro de 2021).

M. Li, L. Wang, B. Yang, L. Zhang, Y. Liu, Estimando a resistência à compressão do cimento a partir de imagens de microestrutura usando rede neural convolucional, em: 2017 IEEE Symposium Series on Computational Intelligence (SSCI), 2017, pp. 1-7, https:// doi.org/10.1109/SSCI.2017.8285306.

A. Ramadan Suleiman, M.L. Nehdi, Modelagem de autocura de concreto usando algoritmo genético híbrido - rede neural artificial, Materiais. 10 (2017) 135, https://doi.org/10.3390/ma10020135.

A. Jiahe, X. Jiang, G. Huiju, H. Yaohe, X. Xishan, Previsão por rede neural artificial da microestrutura da barra de 60Si2MnA com base nos seus parâmetros de processo de laminagem e arrefecimento controlados, Materials Science and Engineering: A. 344 (2003) 318-322, https://doi.org/10.1016/S0921- 5093(02)00444-6.

S.-J. Kwon, H.-W. Song, Analysis of carbonation behavior in concrete using neural network algorithm and carbonation modeling, Cement and Concrete Research. 40 (2010) 119-127, https://doi.org/10.1016/j.cemconres.2009.08.022.

J. Cao, D. Zhang, Application Research of Morphological Feature and Neural Network in Wood Across-compression, Application Research of Computers, 2004.

https://en.cnki.com.cn/Article_en/CJFDTotal-JSYJ200406014.htm (acedido em 12 de junho de 2021).

M. Hossain, LSP Gopisetti, MdS Miah, Modelagem de rede neural artificial para prever o índice de rugosidade internacional de pavimentos rígidos, International Journal of Pavement Research and Technology 13 (2020) 229-239, https://doi.org/ 10.1007 / s42947-020-0178-x.

F. Tong, X.M. Xu, B.L. Luk, K.P. Liu, Avaliação da integridade da colagem de paredes de azulejos com base na acústica de impacto e na máquina de vectores de apoio, Sensors and Actuators A: Physical. 144 (2008) 97-104, https://doi.org/10.1016/j.sna.2008.01.020.

M. Babi^V c, M. Cali, I. Nazarenko, C. Fragassa, S. Ekinovic, M. Mihalikov' a, M. Janji'c, I. Beli^V c, Avaliação da rugosidade da superfície em materiais endurecidos por reconhecimento de padrões utilizando a teoria das redes, International Journal on Interactive Design and Manufacturing 13 (2019) 211-219, https://doi.org/10.1007/s12008-018- 0507-3.

Z.L. Chou, J.J.R. Cheng, J. Zhou, Prediction of Pipe Wrinkling Using Artificial Neural Network, Coleção Digital da Sociedade Americana de Engenheiros Mecânicos, 2011, pp. 49-58, https://doi.org/10.1115/IPC2010-31165.

G.J. Yun, J. Ghaboussi, A.S. Elnashai, Development of neural network based hysteretic models for steel beam-column connections through self-learning simulation, Journal of Earthquake Engineering 11 (2007) 453-467, https://doi. org/10.1080/13632460601123180. [93] A. Cevik, M.A. Kutuk, A. Erklig, I.H. Guzelbey, Neural network modeling of arc spot welding, Journal of Materials Processing Technology 202 (2008) 137-144, https://doi.org/10.1016/j.jmatprotec.2007.09.025.

S.P. Chiew, A. Gupta, N.W. Wu, Neural network-based estimation of stress concentration factors for steel multiplanar tubular XT-joints, Journal of Constructional Steel Research 57 (2001) 97112, https://doi.org/10.1016/ S0143-974X(00)00016-X.

M. Ghassemieh, M. Nasseri, Avaliação da ligação de momento da placa terminal reforçada através de uma rede neural artificial optimizada, Journal of Software Engineering and Applications (2012), https://doi.org/10.4236/jsea.2012.53023.

K. Bingol, " A. Er Akan, H.T. Omercio " glu, " A. Er, Aplicações de inteligência artificial em projetos arquitetônicos resistentes a terremotos: determinação de sistemas estruturais irregulares com aprendizado profundo e método imageAI, Journal of the Faculty of Engineering and Architecture of Gazi University (2020), https://doi.org/ 10.17341/gazimmfd.647981.

M. Jimenez-Martinez, M. Alfaro-Ponce, abordagem do efeito de dano por fadiga por rede neural artificial, International Journal of Fatigue 124 (2019) 42-47, https://doi.org/10.1016/j.ijfatigue.2019.02.043.

P. Mandal, Previsão de rede neural artificial da carga de flambagem de cascas cilíndricas finas sob compressão axial, Engineering Structures 152 (2017) 843-855, https://doi.org/10.1016/j.engstruct.2017.09.016.

U.K. Mallela, A. Upadhyay, Previsão da carga de encurvadura de painéis rígidos compósitos laminados sujeitos a cisalhamento no plano usando redes neurais artificiais, ThinWalled Structures 102 (2016) 158-164, https://doi.org/10.1016/j. tws.2016.01.025.

S. Tohidi, Y. Sharifi, Neural networks for inelastic distortional buckling capacity assessment of steel I-beams, Thin-Walled Structures 94 (2015) 359-371, https:// doi.org/10.1016/j.tws.2015.04.023.

Z.X. Tan, D.P. Thambiratnam, T.H.T. Chan, H.A. Razak, Deteção de danos em vigas de aço usando índice de danos baseado em energia de deformação modal e rede neural artificial, Engineering Failure Analysis 79 (2017) 253-262, https://doi.org/ 10.1016/j.engfailanal.2017.04.035.

K.H. Padil, N. Bakhary, H. Hao, A utilização de uma rede neural artificial não probabilística para considerar as incertezas na deteção de danos com base na vibração, Mechanical Systems and Signal Processing 83 (2017) 194-209, https://doi.org/ 10.1016/j.ymssp.2016.06.007.

O. Avci, O. Abdeljaber, S. Kiranyaz, M. Hussein, M. Gabbouj, DJ Inman, Uma revisão da deteção de danos baseada em vibração em estruturas civis: de métodos tradicionais a aplicativos de aprendizado de máquina e aprendizado profundo, Sistemas Mecânicos e Processamento de Sinais 147 (2021), https://doi.org/10.1016/j. ymssp.2020.107077.

M. Zhang, M. Akiyama, M. Shintani, J. Xin, DM Frangopol, Estimativa probabilística da capacidade de carga de flexão de estruturas RC existentes com base na distribuição observacional da largura da fissura induzida por corrosão usando aprendizado de máquina, Segurança Estrutural 91 (2021), https://doi.org/10.1016/j.strusafe.2021.102098.

A.A. Torky, A.A. Aburawwash, Uma abordagem de aprendizagem profunda para a engenharia estrutural automatizada de membros pré-esforçados, International Journal of Structural and Civil Engineering Research 7 (2018) 347-352, https://doi.org/10.18178/ ijscer.7.4.347-352.

S. Yoo, S. Lee, S. Kim, K.H. Hwang, J.H. Park, N. Kang, Integrando o aprendizado profundo no sistema CAD / CAE: design generativo e avaliação da roda conceitual 3D, Otimização Estrutural e Multidisciplinar (2021) 1-23, https://doi.org/ 10.1007 / s00158-021-02953-9.

P. Sharafi, M. Rashidi, B. Samali, H. Ronagh, M. Mortazavi, Identificação de factores e análise de decisão do nível de modularização na construção de edifícios, Journal of Architectural Engineering 24 (2018), https://doi.org/ 10.1061/(ASCE)AE.1943-5568.0000313.

L. Wang, X. Wang, D. Wu, M. Xu, Z. Qiu, Metodologia de confiabilidade dependente do tempo orientada para otimização estrutural sob incertezas estáticas e dinâmicas, Otimização Estrutural e Multidisciplinar 57 (2018) 1533-1551, https://doi. org/10.1007/s00158-017-1824-z.

N. Labonnote, A. R0nnquist, B. Manum, P. Ruther, Additive construction: state-ofthe-art, challenges and opportunities, Automation in Construction 72 (2016) 347-366, https://doi.org/10.1016/j.autcon.2016.08.026.

M.-K. Kim, H. Sohn, C.-C. Chang, Automated dimensional quality assessment of precast concrete panels using terrestrial laser scanning, Autom. Constr. 45 (2014) 163-177, https://doi.org/10.1016/j.autcon.2014.05.015.

T. Lu, em: Towards a Fully Automated 3D Printability Checker, Actas da Conferência Internacional do IEEE sobre Tecnologia Industrial (ICIT), 2016, pp. 922-927, https://doi.org/10.1109/ICIT.2016.7474875.

M. Vatani, A. Rahimi, F. Brazandeh, A.S. Nezhad, em: An enhanced Slicing Algorithm using Nearest Distance Analysis for Layer Manufacturing, Proceedings of World Academy of Science, Engineering and Technology, 2009, pp. 721-726.

https://citeseerx.ist.psu.edu/viewdoc/download?doi=10.1.1.193.1655&rep   =rep1&type=pdf (acedido em 20 de setembro de 2021).

Y. Pan, L. Zhang, Papéis da inteligência artificial na engenharia e gestão da construção: Uma revisão crítica e tendências futuras, Automation in Construction 122 (2021), 103517, https://doi.org/10.1016/j.autcon.2020.103517.

M.S. Jawad, M. Bezbradica, M. Crane, M.K. Alijel, em: Fabrico inteligente baseado na nuvem de IA e técnicas de impressão 3D para a futura produção interna, Actas da Conferência Internacional sobre Inteligência Artificial e Fabrico Avançado (AIAM), 2019, pp. 747-749, https://doi.org/10.1109/ AIAM48774.2019.00154.

P. Sharafi, L.H. Teh, M.N. Hadi, Otimização da forma de secções de aço de paredes finas utilizando a teoria dos grafos e o algoritmo ACO, Journal of Constructional Steel Research 101 (2014) 331 -341, https://doi.org/10.1016/j.jcsr.2014.05.026.

J. Navarro-Rubio, P. Pineda, R. Navarro-Rubio, Projeto estrutural eficiente de uma conexão de concreto pré-fabricada usando redes neurais artificiais, Sustentabilidade. 12 (2020) 8226, https://doi.org/10.3390/su12198226.

R. He, M. Li, V.J. Gan, J. Ma, projeto computadorizado habilitado para BIM e fabricação digital de edifícios industrializados: um estudo de caso, Journal of Cleaner Production 278 (2021), https://doi.org/10.1016/j.jclepro.2020.123505.

J.C. Steuben, A.P. Iliopoulos, J.G. Michopoulos, Fatiamento implícito para fabrico aditivo funcionalmente adaptado, Computer-Aided Design 77 (2016) 107-119, https://doi.org/10.1016/j.cad.2016.04.003.

C. Buchanan, L. Gardner, Impressão 3D de metal na construção: uma revisão dos métodos, investigação, aplicações, oportunidades e desafios, Engineering Structures 180 (2019) 332-348, https://doi.org/10.1016/j.engstruct.2018.11.045.

V. Benjaoran, N. Dawood, Intelligence approach to production planning system for bespoke precast concrete products, Automation in Construction 15 (2006) 737-745, https://doi.org/10.1016/j.autcon.2005.09.007.

C. Chen, L.K. Tiong, I.-M. Chen, Usando um algoritmo genético para programar o sistema de fabricação de unidades de banheiro pré-fabricadas baseadas em AGV com restrição de espaço, International Journal of Production Research 57 (2019) 3003-3019, https://doi.org/10.1080/00207543.2018.1521532.

J. Li, S.-C. Bai, P. Duan, H. Sang, Y. Han, Z. Zheng, Um algoritmo de colônia de abelhas artificiais aprimorado para abordar a loja de fluxo distribuído com coeficiente de distância em um sistema pré-fabricado, International Journal of Production Research 57 (2019) 6922-6942, https://doi.org/10.1080/00207543.2019.1571687.

V. Benjaoran, N. Dawood, A Case Study of Artificial Intelligence Planner for Make - to - Order Precast Concrete Production Planning in Computing in Civil Engineering, 2012, pp. 1-10, https://doi.org/10.1061/40794(179)27.

A. Kaveh, P. Sharafi, Optimal priority functions for profile reduction using ant colony optimization, Finite Elements in Analysis and Design 44 (2008) 131-138, https://doi.org/10.1016/j.finel.2007.11.002.

M.Y. Cheng, N.D. Hoang, Y.W. Wu, Previsão de fluxo de caixa para projectos de construção utilizando um novo modelo de inferência de máquina de vectores de apoio dependente do tempo, Journal of Civil Engineering and Management 21 (2015) 679-688, https://doi.org/10.3846/13923730.2014.893906.

M.Y. Cheng, N.D. Hoang, Estimando a duração da construção da parede diafragma usando a máquina de vetor de suporte de mínimos quadrados sintonizada por vaga-lume, Neural Computing and Applications 30 (2018) 2489-2497, https://doi.org/10.1007/s00521-017-2840-z.

R.A. Wazirali, A.D. Alzughaibi, Z. Chaczko, Adaptação de algoritmos evolutivos para a tomada de decisões na engenharia de construção de edifícios (TSP Problem), International Journal of Electronics and Telecommunications 60 (2014) 113-116, https://doi.org/10.2478/eletel-2014-0015.

C.H. Ko, M.Y. Cheng, Dynamic prediction of project success using artificial intelligence, Journal of Construction Engineering and Management 133 (2007) 316-324, https://doi.org/10.1061/(ASCE)0733-9364(2007)133:4(316).

Q. Duan, T.W. Liao, Improved ant colony optimization algorithms for determining project critical paths, Automation in Construction 19 (2010) 676-693, https://doi.org/10.1016/j.autcon.2010.02.012.

W.   Menesi, T. Hegazy, Multimode resource-constrained scheduling and leveling for practical-size projects, Journal of Management in Engineering 31 (2015), https://doi.org/10.1061/(ASCE)ME.1943-5479.0000338.

A. Pradhan, B. Akinci, Planning-based approach for fusing data from multiple sources for construction productivity monitoring, Journal of Computing in Civil Engineering 26 (2012) 530540, https://doi.org/10.1061/(ASCE)CP.1943- 5487.0000155.

I want morebooks!

Buy your books fast and straightforward online - at one of world's fastest growing online book stores! Environmentally sound due to Print-on-Demand technologies.

Buy your books online at
www.morebooks.shop

Compre os seus livros mais rápido e diretamente na internet, em uma das livrarias on-line com o maior crescimento no mundo! Produção que protege o meio ambiente através das tecnologias de impressão sob demanda.

Compre os seus livros on-line em
www.morebooks.shop

Printed by Books on Demand GmbH, Norderstedt / Germany